减糖生活

[日] 水野雅登 编著
果露怡 译

江西科学技术出版社
2020年 · 南昌

目录

首先要正确认识减糖 1
你是不是有这样的饮食习惯? 2
身体变差的原因是糖类摄入过量! 4

正确的减糖饮食是保证必要营养的饮食法 6
为什么减糖能让人变瘦? 8
重新审视零食 10
尤其需要注意不能过量食用的食物有哪些? 12
你适合什么程度的减糖? 14
轻度减糖这样吃! 16
中度减糖这样吃! 18
强度减糖这样吃! 20
如何轻松减少主食? 22
减糖时该去哪儿吃,便利店还是餐馆? 26

减糖生活也要尽情享受① 肉类
必不可少的重要食材 28
减糖生活也要尽情享受② 海鲜类
蛋白质和矿物质的宝库 30
减糖生活也要尽情享受③ 蔬菜类
不同蔬菜含糖量差别很大 32
减糖生活也要尽情享受④ 蛋类
营养丰富,做起来也简单 34
减糖生活也要尽情享受⑤ 乳制品
轻松获得蛋白质 35
减糖生活也要尽情享受⑥ 大豆制品
易饿人群的救星 36
减糖生活也要尽情享受⑦ 调味品
减糖的盲区 38
减糖生活也要尽情享受⑧ 饮料、酒
选对种类,酒也可以喝 40
减糖生活也要尽情享受⑨ 脂类
要想瘦得匀称,好脂肪必不可少 42

Q&A 打消对“减糖”的顾虑 44
常见问题① 我听说严格减糖对身体不好，是真的吗？ 44
常见问题② 减糖会导致肌肉流失吗？ 45
常见问题③ 减糖会导致营养不良吗？会营养失衡吗？ 46
常见问题④ 听说减糖后，体重容易反弹…… 47
常见问题⑤ 糖类不足大脑岂不是要罢工？身体会不会缺乏能量？ 48
常见问题⑥ 肉和油都是高热量，不会越吃越胖吗？ 49

正确的减糖饮食一目了然！
减糖食谱 50

减糖饮食 style 1
必需的蛋白质与蔬菜，分量一目了然
一餐一盘 52

芥末风味的温热沙拉 52
煎猪排 52
黑胡椒烤鱼 54
白菜酸奶油烩菜 54
生菜混合沙拉 56
奶酪烤鸡胸肉 56
鸭儿芹凉拌菜丝 57
微波炉蒸青花鱼 57
素炒白菜胡萝卜 58
清蒸鳕鱼 58
醋腌甜椒卷心菜 59
味噌烤猪里脊 59
菠菜煮番茄 60
咖喱煎鱼 60
小松菜煮银鱼干 61
梅干煮青箭鱼 61
荷兰豆酸奶沙拉 62
沙丁鱼番茄炒蛋 62
芜菁黄瓜沙拉 63
高蛋白鸡肉卷 63

减糖饮食 style 2
不会做饭也没问题
汤锅轻松吃到饱 64

豆腐蔬菜豆浆汤锅 64
鸡肉丸雪见锅 66
红金眼鲷西式汤锅 68
猪肉片油豆腐味噌汤锅 69
鸡腿肉奶油汤锅 70
越式牛肉汤锅 71
白菜榨菜鲕鱼汤锅 72
卷心菜猪肉锅 73

减糖饮食 style 3
适合喜欢喝酒的朋友
各具风味的下酒小菜 74

迷你豆腐饼开胃小菜 74
金枪鱼蘸酱配水煮蛋 74
特色猪肉拌蔬菜 76
蛋黄酱烤翅煮生菜 77
烤卡芒贝尔奶酪 77
核桃烤竹荚鱼 78
豆腐鲣鱼刺身沙拉 79
大葱盐烤鸡肉 79
卷心菜猪肉炒纳豆 80
白肉鱼卡帕奇欧 81
蒜香口蘑大虾 81
鱿鱼苦瓜炒炸豆腐块 82
柚子胡椒腌金枪鱼 83
奶酪芥末拌油豆腐甜豌豆 83
橄榄油炒章鱼毛豆 84
明太子豆腐比萨 85
咖喱豆芽猪肉 85
竹荚鱼寿司卷 86

花椒烤鸡翅 86
金枪鱼蘸酱 87
猪肉片莲藕沙拉 87
辣白菜肉丝蒸豆腐 88
牛油果梅干拌鲣鱼 89
酱油蛋黄酱炒鱿鱼西蓝花 89

减糖饮食 style 4
给家常菜减糖
在经典菜式的味道和食材上花心思 90

牛肉豆皮煮小番茄 90
盐煮海带排骨 92
番茄煮炸豆腐块 93
低糖版肉末豆腐 94
盐炒青椒肉丝 95
香草烤秋刀鱼 96
日式烤青花鱼 96
盐煮白肉鱼 97
萝卜烧鰤鱼 97
咖喱萝卜干炒金枪鱼 98
鸡肉裙带菜豆腐奶油焗菜 98
梅干照烧鸡腿肉 99
羊栖菜培根杂煮 99
口蘑培根鸡蛋奶酪法式焗菜 100
和风鲑鱼比萨 100
中式咸肉豆腐 101
欧芹酱炒秋刀鱼 101

减糖饮食 style 5
便当和加餐也不能少!
巧用各种预制菜 102

微波炉鸡肉沙拉 102
孜然牛肉串 104
花椒烤虾 105

越式鸡蛋饼 106
醋腌嫩煎鲑鱼 107
柠檬鱿鱼拌莲藕 108
番茄大豆煮章鱼 108
口蘑西葫芦油焖大虾 109
鱿鱼沙拉 109
菌菇煮鸡肉 110
芥末籽苦瓜香肠沙拉 110
茄子木莎卡 111
咖喱煎猪肉卷水煮蛋 111
秋葵西班牙煎蛋饼 112
豆渣版土豆沙拉 112
腌蘑菇 113
猪肉片煮冻豆腐 113

这样吃减糖更见成效①
先吃蔬菜，打造易瘦体质 114

京水菜银鱼干纳豆沙拉 114
西蓝花沙拉 115
韩式海苔拌白菜 115
白干酪拌菠菜 115
油菜花寿司卷 116
蒜油芦笋 116
日式拌茄子 116
蛋黄酱白菜沙拉 117
韩式拌鸭儿芹 117
味噌蛋黄酱拌芦笋 117

这样吃减糖更见成效②
食材丰富的汤菜更容易吃饱 118

金枪鱼青菜咖喱鸡蛋汤 118
生菜蛋花汤 119
清汤鸡肉萝卜 119
烤蔬菜味噌汤 119

烤茄子野姜大豆味噌 120
韩式泡菜豆渣大酱汤 120
王菜鸡肉末汤 120
菠菜银鱼干味噌汤 121
卷心菜培根汤 121
韭菜肉末中式奶汤 121

这样吃减糖更见成效③
关键在于早餐避免升血糖 122

牛油果培根蛋黄酱炒蛋 122
西蓝花炒蛋 123
咖喱味蛋包饭 123
蛋黄酱烤菠菜水煮蛋 124
菠菜牡蛎蛋包饭 124
巨无霸西班牙烤蛋 125
火腿青豌豆蛋包饭 125

这样吃减糖更见成效④
减糖糕点 126

奶酪蛋糕 126
迷你红茶磅蛋糕 127
杏仁马卡龙 128
抹茶酸奶冰激凌 129
梅子酱意式奶冻 129

有决心才会成功!
减糖 4 个月的经验之谈 130

减糖 Q&A 134

查看你想了解的食品!
含糖量一览表 143

首先要正确认识减糖

从几年前开始，我就把“减糖”这一概念引入到实际的诊疗中，为肥胖或糖尿病患者提供饮食指导，我自己也在践行减糖的饮食生活。患者们的治疗成果和我自身的健康变化，都日渐反映出减糖的妙处。

最近因为广大媒体的宣传，越来越多的人开始加入减糖生活的行列。然而，不少人都不知道应该如何在平日的饮食生活中正确减糖。

我们的饮食习惯一般都以米饭为主，辅以肉类、蔬菜和汤等。如果只是简单地将减糖理解为不吃米饭等主食，我们的身体就会严重缺乏能量，从而导致营养不良。减糖的误区之一就是只看到“减”字，结果不仅控制了糖类的摄入，还把本该增加的肉类、鱼类、蛋类等蛋白质也减少了。

减糖原本的目的并不是为了减肥，而是一种保持健康的饮食方式。希望大家能够通过本书正确认识减糖，实践正确的减糖生活。我相信，各位读者不仅能通过减糖获得健康的体魄，还能在美容、精神方面收获意外的效果。

本书说明

· 本书中描述的 1 小勺为 5ml，1 大勺为 15ml。
· 微波炉的加热时间以功率 600W 为基准。如果功率是 500W，则需将加热时间延长约 1.2 倍。不同的机型，可能会有少许差异，请根据实际情况进行调整。
· 本书中使用的平底锅均为不粘锅。
· 本书的食谱中，洗菜、削皮等步骤均被省略。
· 本书中计算出的含糖量、蛋白质含量、热量为一餐的大致数值。以上所有数值均保留至小数点后一位。
· 罗汉果等代替白砂糖的调味品，主要成分是赤藓醇，不会影响糖类代谢，在计算含糖量时直接减去这部分数值即可。

你是不是有这样的饮食习惯？

再看看

你是不是有这些烦恼?

体重逐年增加

容易疲劳

很难瘦下来

总是又困又累

体寒而且容易浮肿

皮肤没光泽

原因到底是什么!

身体变差的原因是糖类摄入过量！

上页菜单含糖量惊人

三明治 + 夹心面包 + 果汁

≈

含糖量 102.6g

三明治 29.2g
菠萝夹心包 52.4g
橙汁（200ml）21g

拉面 + 米饭

≈

含糖量 140.3g

酱油拉面 85g
米饭（1 碗）55.3g

咖喱饭（大份）

≈

含糖量 95.5g

肉酱意大利面

≈

含糖量 75.3g

比萨 + 碳酸饮料

≈

含糖量 104.8g

比萨 47.8g
可乐（500ml）57g

啤酒 + 零食

≈

含糖量 41.2g

啤酒（350ml）10.9g
薯片（1 袋 · 60g）30.3g

实施减糖时
每日糖分摄入量不宜超过 160g

指本书介绍的减糖饮食期糖分（详见P16~21）的摄入量。

不知不觉，日常饮食吃的都是糖

随着饮食生活的多样化，现在随时都能吃到各种各样的食物，糕点、零食和碳酸饮料成了很多现代人戒不掉的瘾。

不只是糕点，米饭、面包、各种面条，甚至没有甜味的食物中都含有糖。所以，我们每天摄入的糖类不知不觉就能达到 300~400g，不少人甚至更高。

我们身边到处都是来自糖类的诱惑，便宜的高糖食品随处可见，很容易让人产生依赖。

减糖能给身体带来变化

减糖的好处

变瘦!

健康减重

多摄入富含蛋白质的肉类、鱼类等，以及大量蔬菜。均衡摄入人体必需的营养元素，就能轻松减脂、少减肌肉，也不会因为减肥导致营养不良。

不易反弹

增肌的同时提升基础代谢，燃烧更多身体脂肪。稳定的血糖值会减少饥饿感，防止过食。

减糖的好处

变年轻!

改善肌肤

蛋白质是肌肤之本，能在减糖的同时维持肌肤正常的新陈代谢，改善皮肤粗糙和干燥，让肌肤水润有弹性。

延缓衰老

蛋白质还有造血、修复破损血管的功能。通过减糖能呵护血液和血管，从身体内部延缓衰老。

改善发质

头发太少、太细、易断、没光泽？充分摄入蛋白质就能轻松消除这些烦恼。

减糖的好处

提升活力!

改善食困

饭后犯困是由于血糖大幅波动，减糖饮食能让餐后血糖平缓上升，从而缓解食困症状。

消除烦躁

血糖值不会忽上忽下，稳定的血糖能稳定人的情绪，让人随时都能从容不迫。

抗疲劳

充足的血流量能将营养输送到身体的各个部位，给人带来健康活力。增肌也会增强体力。

缓解压力

平和的情绪可以让人更好地面对压力，消除内心的不安，让心情愉快起来。

减糖的好处

变健康!

预防糖尿病

合理摄入糖分能避免餐后血糖骤升而消耗胰岛素，从而保持胰腺健康。

改善睡眠质量

充足的蛋白质能平衡激素，提高睡眠质量，有效改善失眠。早晨起床就会神清气爽。

预防动脉硬化

平稳上升的血糖能减少破坏血管壁的风险，充足的蛋白质既能提升血管的修复能力，还能让血管常葆年轻。

正确的减糖饮食是保证必要营养的饮食法

正确的减糖强调摄取充足的营养，从而获得健康的身体。下面就来详细讲解哪些是必要的营养。

普通的一顿饭，配菜的总含糖量大约是以20g为标准。为了让味道更好,很多人在烹饪菜肴时喜欢用白砂糖调味,不经意间就容易放多。

可以认为糖类就是碳水化合物

糖类是人体必不可少的能量来源，但如果摄入过量，就会造成肥胖。所以并不是不能摄入糖类，而是要注意不能过量。

从营养学的角度，糖类是指“除去膳食纤维以外的其他碳水化合物”。不过基本上碳水化合物中可被人体吸收的膳食纤维的量非常少，所以大致可以认为糖类就是碳水化合物。不仅甜食中含糖，米饭、面包、面条等碳水化合物类的主食中也含有大量的糖分。

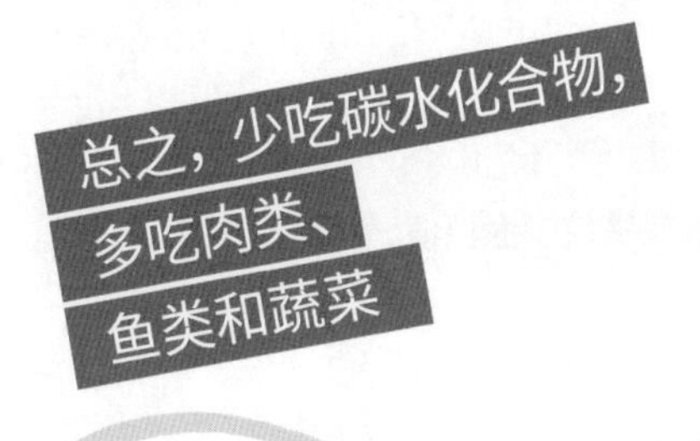

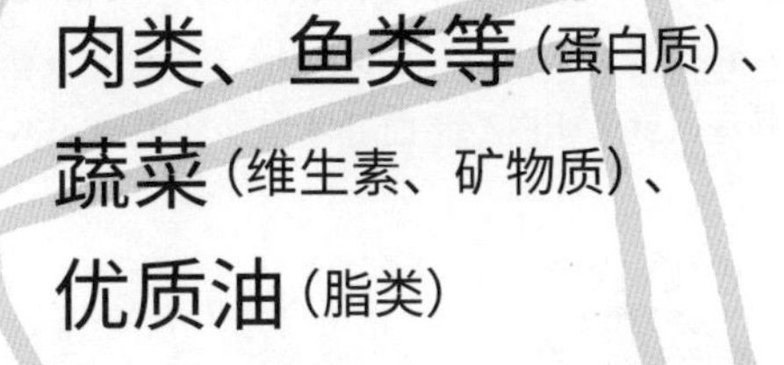

糕点、
主食、
零食等(糖类)

少吃

人体必需的

五大营养元素

蛋白质
构成人体的重要成分,生成肌肉、皮肤、骨骼，以及影响身体机能的血液、激素等。

脂类
不仅是人体重要的能量来源，也是生成激素的原料，同时还能生成细胞膜，维持细胞的弹性。

矿物质
骨骼和牙齿的组成成分，还能调节体内水分含量，从而调节血液正常流动，用处多多。

维生素
协助体内蛋白质、脂类和糖类的分解与合成，像润滑剂一样让营养元素顺利代谢。

糖类
(碳水化合物)
人体活动的重要能源,能迅速生成能量,就好比汽车的燃料。超出人体所需能量的部分会转化为脂肪。

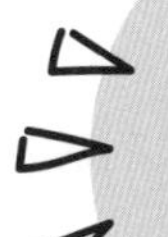

营养元素可根据其性质和作用分为五大类，一定要合理饮食，保证各种营养元素的均衡摄入，这也是减糖的目的所在。

减糖，要尽量多吃蛋白质

说到减糖，有人会误以为减少主食就行，其实这是错误的。很多人之所以减糖失败，就是认为减糖只是少吃主食，结果导致营养不良。

减糖最重要的就是纠正偏糖的饮食习惯，多食用含蛋白质、维生素、矿物质和脂类等营养元素的食物。

其中最重要的是蛋白质。补充蛋白质能促进血液循环，刺激激素分泌，从内而外增强体质。这样会让人体力充沛、精神十足，而且整个人也会变得容光焕发。总而言之，减糖在人体的健康和美容方面的作用不可估量。

为什么减糖能让人变瘦？

怎么也瘦不下来，就是管不住嘴……解决这些烦恼的关键就是控制血糖值。了解了发胖与减肥的原理，就会明白稳定血糖值是多么重要。

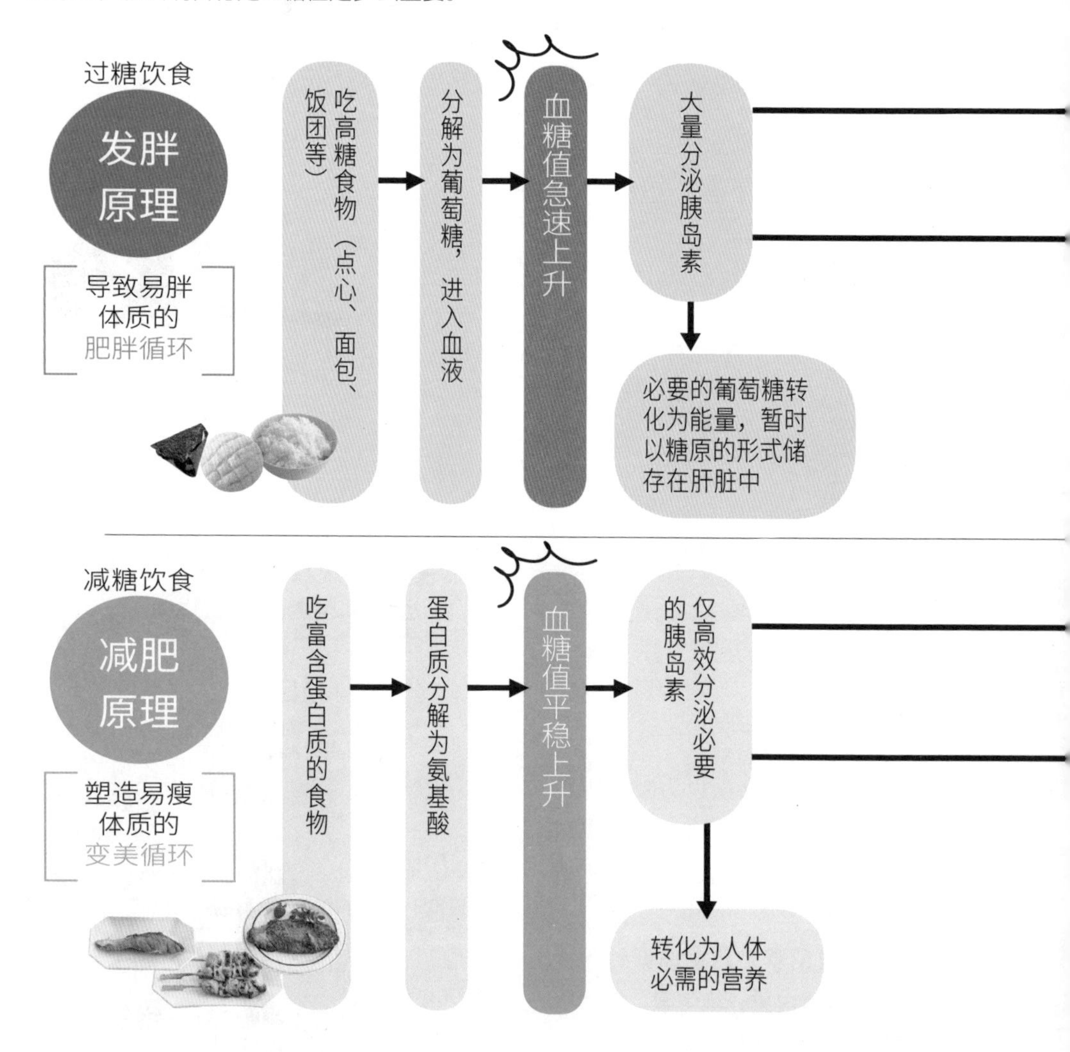

减糖的关键是控制血糖值和胰岛素

先来了解发胖的原理。碳水化合物在体内被分解为葡萄糖，进入血液。血液中的葡萄糖浓度（血糖值）上升，刺激胰腺分泌胰岛素。胰岛素会回收葡萄糖，运往全身细胞，从而降低血糖值。部分葡萄糖被用于提供人体必需的能量，剩下的则被转化为脂肪储存起来。脂肪的堆积最终导致肥胖。

饮食中含糖越多，餐后血糖值就会上升越快，从而促使人体分泌大量胰岛素，这又导致血糖值急剧下降。

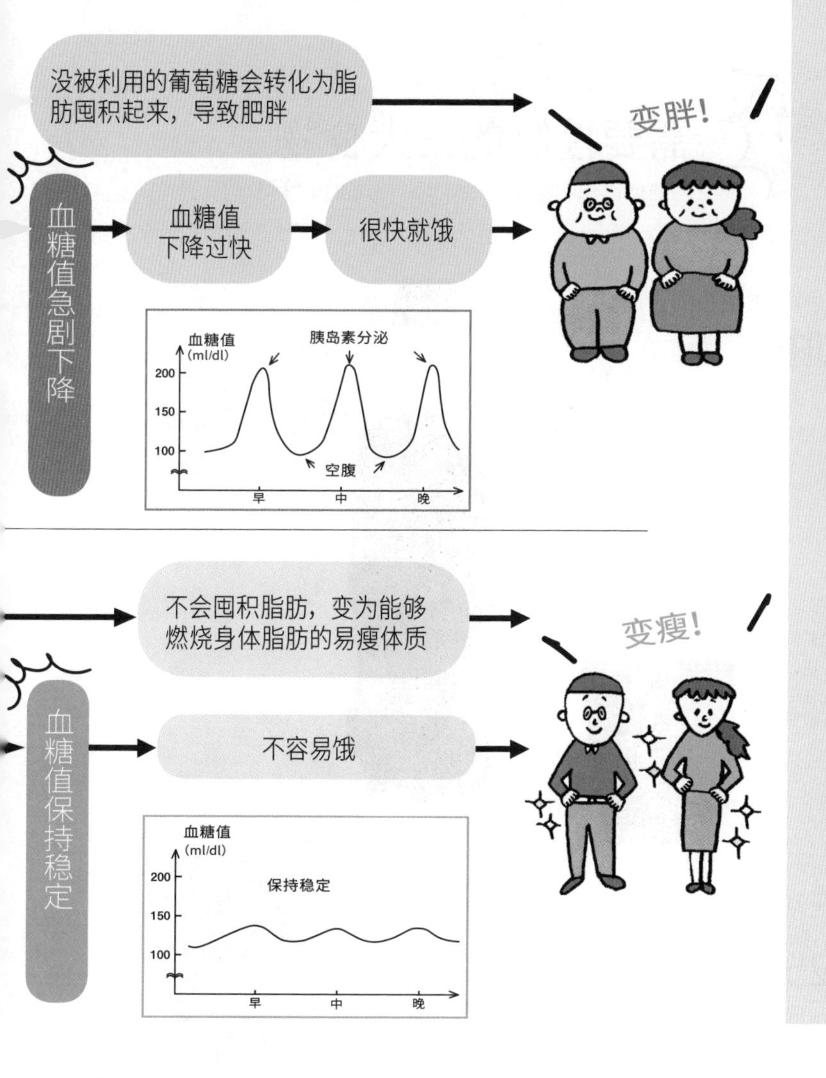

要记住！

名词解释

葡萄糖

碳水化合物被分解后的最终形态

米饭、面包、糕点这些碳水化合物会被人体内的消化酶分解至最小单位。一部分用于供能，剩余的则会转化为脂肪囤积起来。

血糖值

血液中葡萄糖的浓度

也就是血液中所含葡萄糖的浓度。健康人的空腹血糖值为80~100mg/dl。如果长期以碳水化合物的饮食为中心，就会和糖尿病人一样，餐后血糖陡升至200mg/dl。

胰岛素

唯一能够降低血糖值的激素

胰腺分泌的激素之一，也是人体内唯一能降低血糖值的激素。胰岛素将葡萄糖运送至全身的几乎所有细胞，血糖值就会随之下降。胰岛素也被称为“肥胖激素”。

减糖能使血糖值保持稳定，塑造易瘦体质

血糖值下降到一定程度，人就会感到饥饿。这就导致身体进入吃得多、饿得快的恶性循环。

如果实施减糖饮食，血糖值就会平缓上升或下降，人体就只分泌必要的胰岛素，不会囤积身体脂肪。

而且当葡萄糖不足时，人体会转为主要靠分解脂肪（身体脂肪）来供能，这样就会形成“变瘦变美”的良性循环。

重新审视零食

想要减糖，需要做的第一件事就是戒掉零食。用方糖（1 块方糖的含糖量约为 3.3g）来换算可以对含糖量有更直观的认识。

需要控制的三大食物

高糖食物非常能勾起人的食欲，购物时干脆别靠近这些货架。

worst 1

咕咚咕咚，喝进去的全是糖

甜味饮料

喝饮料不容易让人产生负罪感，又因为不需要咀嚼，很容易就会饮用过量。如果你平时习惯喝甜味饮料，请立刻戒掉！

可乐（1 瓶・500ml）

含糖量 57g | 约为 17 块方糖

可乐的主要成分为糖和水。它是一种喝起来让人感觉爽快的碳酸饮料，它本身就是一种碳酸水。

咖啡饮料

（1 杯・210ml）

含糖量 19.4g | 约为 6 块方糖

市售的咖啡饮料里加入了大量的甜味剂。一定要喝的话，请选择无糖的，或者只添加生奶油。

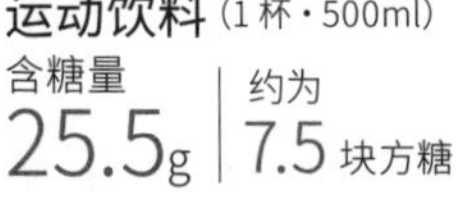

运动饮料（1 杯・500ml）

含糖量 25.5g | 约为 7.5 块方糖

运动饮料感觉很健康，其实它所含的糖类反而会因为运动被人体快速吸收，从而对身体造成极大负担。

市售橙汁

（1 杯・350ml）

含糖量 37.4g | 约为 11 块方糖

加工饮料的含糖量非常高，别指望靠它补充维生素C。

甜味饮料、油炸食品，还有各类糕点也要注意

你是不是每天都会喝大量的含糖饮料呢？如果你已经想不起来上次喝了什么含糖饮料，喝了多少，那就要注意了。或许你正在不知不觉中摄入大量糖类。

果汁、饼干、蛋糕等甜味零食，制作时都使用了大量白砂糖。还有容易被忽略的仙贝、薯片等，它们虽然吃起来不甜，但原料为小麦、大米或土豆等碳水化合物，这些都是高糖食物。

控制甜味饮料、油炸食品和各类糕点的摄入是减糖的第一步。

一不留神就吃起来，每一口都糖分超标
油炸食品

因为没有甜味，容易让人放松警惕，其实这些食品的含糖量高得惊人。每次想着只吃几口应该没关系，不过次数多了，糖类也会过量累积。

薯片（1袋·60g）

含糖量 30.3g | 约为 9 块方糖

原料是土豆，也就是碳水化合物，吃一整袋，摄入的糖类绝对就过量。

苏打饼干（1袋·6片）

含糖量 14.5g | 约为 4.5 块方糖

原料是面粉，即碳水化合物，再和其他食材搭配在一起，更容易吃多。

仙贝（2大片·40g）

含糖量 35.2g | 约为 11 块方糖

原料是大米，而且烤制时涂了酱油和糖浆，含糖量非常高。

白砂糖+淀粉，甜蜜的多重诱惑
糕点

不仅是白砂糖，还有面粉、大米、糯米这些原料，可谓多重糖分。哪怕只吃一点，摄入的糖分也很可怕，最好不吃。如果非吃不可的话，可以选择含糖量较少的西式糕点。

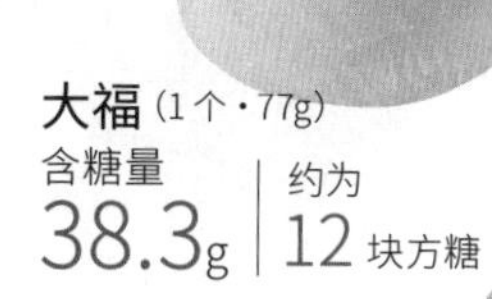

大福（1个·77g）

含糖量 38.3g | 约为 12 块方糖

糯米+白砂糖=高糖。另外，1个豆沙包的含糖量约为31g。

草莓蛋糕（1小块·60g）

含糖量 25.8g | 约为 8 块方糖

使用奶油的蛋糕含糖量相对较低。1个泡芙（60g）的含糖量约为15.2g。

曲奇（5块·40g）

含糖量 24.4g | 约为 7.5 块方糖

原料是面粉和白砂糖，因为每一块都很小，不知不觉就会吃很多，从而摄入大量糖分。

团子（1串·60g）

含糖量 26.9g | 约为 8 块方糖

图中的酱油团子的原料是米粉、白砂糖和酱油。豆沙馅团子的含糖量也差不多。

推荐

选择这些含糖量较低的零食吧！

毛豆（1袋·140g）含糖量 3g

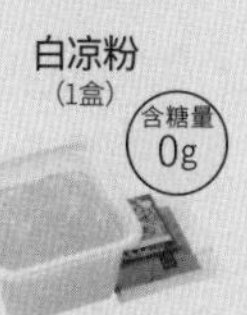

富含膳食纤维和蛋白质。

白凉粉（1盒）含糖量 0g

零含糖量、不长胖的零食。

奶酪（6片）含糖量 0.2g

非常扛饿的零食。

核桃（5颗）含糖量 1.2g

坚果推荐核桃和杏仁。

鱿鱼干（1人份）含糖量 0.1g

要是嘴里闲不住，嚼鱿鱼干解馋也很不错。

黑巧克力（1块）含糖量 0.6g

1块可可含量95%的巧克力，含糖量约为0.6g；1块可可含量88%的黑巧克力，含糖量约为1g。

鸡肉串（1串）含糖量 2.9g

别选加酱汁的，选只加盐的。

尤其需要注意不能过量食用的食物有哪些？

减糖并不等于不吃甜食，接下来是减糖的重点，和上页一样，直观地用方糖（1块=3.3g）来换算。

不知不觉就会摄入过量的碳水化合物

现代人的饮食偏向以米饭、面包、面条为主，对控制主食或许存在抗拒。不过，也正因为在饮食中占主导，而且天天都在吃，只要能下决心控制，效果就会非常明显。

还要注意薯类和其他含糖量高的蔬菜和水果。

还有一个容易被忽略的糖分摄入渠道是调味品，很多调味品都加了不少白砂糖，而且非常下饭，一不小心就会摄入过多，喜欢购买这类调味品的读者要尤其小心。

※1大块同等克重的面包，会切成6片、8片、12片等不同等份。

富含膳食纤维但含糖量高

2 薯类

薯类含有大量的碳水化合物，而且一不小心就容易吃多。不过薯类里也有低糖的魔芋，其他的则要回避。

红薯（1小个·150g）
含糖量 44.5g | 约为 13 块方糖
煮熟后，甜甜糯糯的十分美味，不过要注意它的含糖量很高。

土豆（1个·150g）
含糖量 24.4g | 约为 7.5 块方糖
最容易导致肥胖的薯类之一。

芋头（1个·150g）
含糖量 16.2g | 约为 5 块方糖
富含膳食纤维但含糖量高，减糖时尽量还是不要吃芋头。

容易被忽视的食材

3 含糖量高的 蔬菜 & 水果

水果罐头的含糖量尤其高，要特别注意。煮熟后热乎乎的蔬菜也是高糖食物。水果中莓果含糖量相对较低。

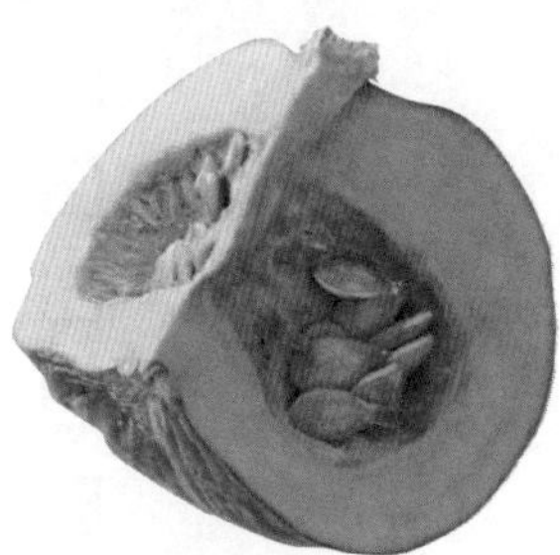

玉米（1根·可食用150g）
含糖量 20.7g | 约为 6 块方糖
吃多了糖分会超标。

南瓜（1/8个·150g）
含糖量 25.6g | 约为 8 块方糖
煮熟后热乎乎的蔬菜之一，高糖。

香蕉（1根·可食用120g）
含糖量 25.7g | 约为 8 块方糖
香蕉是含糖量非常高的水果。

水果干
（柿子干·40g）
含糖量 22.9g | 约为 7 块方糖
高糖水果干燥之后糖分也被浓缩，即便少量食用也会摄入大量糖分。

水果罐头
（1罐·可食用175g）
含糖量 26g | 约为 8 块方糖
高糖的水果加上糖浆，摄入的糖分严重超标。要吃就吃新鲜的水果。

这些也要注意

很可能不知不觉就会摄入过量的甜味调味品

面露[①]
（3倍稀释·1大勺）
含糖量 3.0g | 约为 1 块方糖
用面露炒菜或者煮羊栖菜时，一般1人份会加1大勺，所以要小心哦！

沙拉酱
（1大勺）
含糖量 3.0g | 约为 1 块方糖
上面是芝麻沙拉酱的含糖量，味道越甜的沙拉酱含糖量越高。法式沙拉酱含糖量为0.9g。

番茄酱
（1大勺）
含糖量 4.6g | 约为 1.5 块方糖
做蛋包饭的用量一般是每人份2~3大勺，没想到含糖量这么高！

注：①面露是一种面条酱汁。类似于稀释了的淡色酱油，但滋味更加甜润。

你适合什么程度的减糖？

应该根据目的和生活节奏来决定每日应摄取多少糖分，接下来先测试你的减糖类型，请根据实际情况勾选答案，选出适合自己的等级。

决定好等级之后，请参考下一页一日三餐的示例。等级可以改，但不要太频繁，否则会造成反弹，一旦决定好就起码坚持1个月再说。如果对减糖不放心或者没经验，推荐从“轻度减糖”开始，等身体逐渐适应后再增强等级。

如果勾选了很多怎么办？

请参考P16~21的三餐示例，从中选择你认为可以实现的一种来尝试。如果有所顾虑，就从“轻度减糖”开始，慢慢加强。

各张检测表格里

哪个列表的☑最多，就推荐哪个等级

Check!

- □ 只想瘦 1~2kg。
- □ 想体验一下什么是减糖。
- □ 想瘦小肚子。
- □ 想健康减肥而且不减肌肉。
- □ 想靠减肥变漂亮。
- □ 认为吃肉会变胖。
- □ 离不开米饭、面包、面条等碳水化合物。
- □ 喜欢吃，而且常吃。
- □ 不喝酒，主要就是吃饭。
- □ 不希望大幅改变现在的饮食生活。

减糖强度 **弱** 每日摄取糖分 120~165g

等级适合

最轻松的减糖级别，适合“减糖新手”尝试

把主食减少三分之一，选含糖量相对较少的配菜，仅是这样就能降低糖分的摄入。非常适合想在维持健康的同时稍微瘦一点的人，还有初次尝试减糖的新手。

Check!

- □ 想逐步缓慢地减轻体重。
- □ 想把减糖认真融入自己的生活。
- □ 想减掉啤酒肚。
- □ 想增肌，并打造易瘦体质。
- □ 想为了健康控制血糖。
- □ 平时就爱吃肉。
- □ 不能不吃米饭或者面包。
- □ 中餐、日餐、西餐换着吃。
- □ 晚饭吃什么看心情。
- □ 想长期减糖，但不希望太辛苦。

每日摄取糖分 60~120g

等级适合

容易坚持下去的减糖等级，
米饭只盛半碗

把米饭减到现在的一半，压力相对较小，也容易坚持下去。适合不求立刻见效，但希望体重稳步下降，或者是达到目标体重后希望保持体型的人群。

Check!

- □ 想瘦 10kg 以上。
- □ 想短期内快速减重。
- □ 希望腰围明显变小。
- □ 想同时减脂增肌。
- □ 血糖太高想改善饮食。
- □ 爱吃肉。
- □ 不吃米饭也可以。
- □ 平时吃西餐居多。
- □ 晚餐经常是酒和下酒菜。
- □ 态度坚决，坚定减糖。

减糖强度
强

每日摄取糖分 60g 以下

等级适合

不吃主食，
真正贯彻减糖饮食

完全不吃主食，只吃副食。适合想要大幅减重，或者血糖值过高希望加以控制的人群。很可能会彻底改变之前的饮食习惯，所以必须要有决断力。

轻度减糖
这样吃!

[预计减重]
1个月 1~2 kg

适合刚尝试减糖的新手，多吃副食少吃主食

这也是一般所说的“轻度减糖饮食”。将米饭控制在100g以内，相当于便利店买的大半个饭团，对于喜欢吃米饭的人来说可能不够。可以换个小一点的饭碗，看起来就好像还是满满一碗。米饭减少，肉类、鱼类、蔬菜等相应增加，就能避免糖分超标，同时还能获取必要的营养。先吃蔬菜，然后吃主菜，最后再吃米饭，按照这样的吃饭顺序，血糖值就不容易上升，减糖会更见成效。

控制糖分摄入量

[减糖设定]

每餐　含糖量 **40~55g**

每日　含糖量 **120~160g**

是指所有食物的总含糖量。只要不超过每日上限，零食加餐都没问题，可以自由调整。

摄入足量蛋白质

每日最低量(g)：体重(kg)×1.3

ex：体重 50kg 的人，
每日所必需的蛋白质为 65g

也就是说每1kg体重就需要1.3g蛋白质。要想在减肥的同时不减肌肉，每日摄取的蛋白质可以大于这个量。如果需要大量体力运动，建议蛋白质的摄取量为“体重×2”。

蛋白质含量示例

肉类和鱼类(100g)：约20g

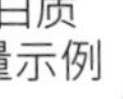
鸡蛋1个(50g)：约6g

豆腐1/3块(100g)：约6g

纳豆1盒(40g)：约6g

不能吃糕点吗?

推荐用低糖的水煮蛋、坚果、奶酪当零食，看起来美味的各类糕点尽量不要吃。如果实在想吃甜食，可以适当少吃一点富含膳食纤维和维生素C的水果。

一日三餐示例

早餐

煎鲑鱼和蔬菜种类丰富的日式早餐

鲑鱼如果太咸会让人想吃米饭，可以撒点淡盐来煎。纳豆和海藻类富含水溶性膳食纤维，可以抑制血糖上升，很适合早餐吃。

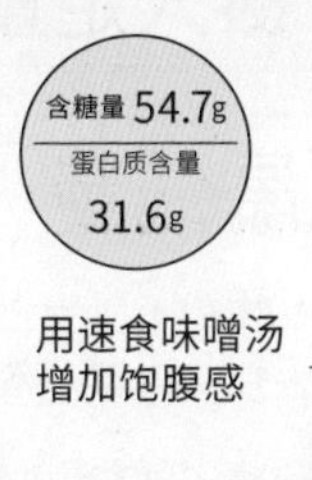

午餐

从便利店买便当要注意量

和中度减糖一样，食用的都是便利店出售的盒饭便当。大份便当的米饭很多，挑选时要注意。如果吃了甜水煮的豆子或者厚蛋烧，米饭最好减半。

晚餐

三菜一汤，菜品丰富的家常食谱

P95的盐炒青椒肉丝是主菜，米饭比平时少些，不过有凉拌豆腐这些简单多样的配菜，能吃得很满足。肉类和鱼类交替登场，通过丰富多样的食材获取蛋白质。

中度减糖这样吃!

[预计减重]
1个月 1~3 kg

控制糖分摄入量

[减糖设定]

每餐　含糖量 20~40g

每日　含糖量 60~120g

是指所有食物的总含糖量。只要不超过每日上限，零食加餐都没问题，可以自由调整。

摄入足量蛋白质

每日最低量(g)：体重(kg)×1.3

ex：体重 50kg 的人，
1 日必需的蛋白质为 65g

也就是说每1kg体重就需要1.3g蛋白质。要想在减肥的同时不减肌肉，每日摄取的蛋白质可以大于这个量。如果需要大量体力运动，建议蛋白质的摄取量为"体重×2"。

蛋白质含量示例

- 肉类和鱼类(100g)：约20g
- 鸡蛋1个(50g)：约6g
- 豆腐1/3块(100g)：约6g
- 纳豆1盒(40g)：约6g

可以用小碗吃半碗饭，蛋白质尽量多吃

如果每餐允许摄取大约 40g 糖类，那么可以吃 50（1/3 碗，含糖量 18.5g）~70g（接近 1/2 碗，含糖量约为 25.8g）米饭，饭量的波动取决于副食。甜味调料含糖量都很高，所以要避免糖水煮豆。如果是吐司，可以吃 8 片装的吐司 1 片（含糖量约为 22.3g）。黄油不含糖分，完全可以放心地涂抹在面包上吃。这里是用超市的便当来举例，所以会剩下大量米饭，有条件的话还是自己动手做减糖餐便当更经济。

可以喝酒吗？

强中弱三种强度的减糖都一样，可以喝酒，但要看种类。可以喝的酒类有威士忌、烧酒等蒸馏酒，需要加入其他液体时请选择白水、苏打水或热水等不含糖的。

一日三餐示例

早餐

吐司可以吃

8片装的吐司每片含糖量为22.3g，可以和低糖小吃搭配，组合成咖啡馆风格的早餐。只是吃面包会导致血糖迅速上升，所以要先吃沙拉、鸡蛋或者香肠。

午餐

常见的盒饭便当怎么吃才减糖？

首先，建议选择小份的便当。米饭只吃1/3~1/2，其余的剩下，就能把糖分控制在限制范围内。副食基本都可以吃，只是避开甜水煮豆子和甜味厚蛋烧。

晚餐

居酒屋风格的减糖副食

减糖期间可以喝酒，摆上一桌减糖菜肴，晚上尽情喝个小酒吧。副食有大量的肉或者鱼，既豪华量又足。中度减糖的话最后还可以吃个小饭团。

减糖强度

强

强度减糖
这样吃!

［预计减重］
1个月 2~5kg

三餐都不吃主食，但蛋白质要吃够

米饭、面包、面条等主食一概不吃，这是“只吃副食”的模式。副食只需选用低糖食材和调味品，怎么吃都可以。减糖并不需要在意热量，所以肉排和烤肉都可以吃到饱。

制定菜谱的要诀是“西式”，因为日餐是以米饭为中心来配菜和调味，减去主食就怎么都不够吃。强度减糖的话建议可以考虑法国菜或者意大利菜这类西餐，有助于减糖的顺利进行。

原则1 控制糖分摄入量

［减糖设定］

每餐　含糖量 **20g** 以下

每日　含糖量 **60g** 以下

是指所有食物的总含糖量。只要不超过每日上限，零食加餐都没问题，可以自由调整。

原则2 摄入足量蛋白质

每日最低量(g)：体重(kg)×1.3

ex：体重 50kg 的人，
1 日必需的蛋白质为 65g

也就是说每1kg体重就需要1.3g蛋白质。要想在减肥的同时不减肌肉，每日摄取的蛋白质可以大于这个量。如果需要大量体力运动，建议蛋白质的摄取量为“体重×2”。

蛋白质含量示例

- 肉类和鱼类（100g）：约20g
- 鸡蛋1个（50g）：约6g
- 豆腐1/3块（100g）：约6g

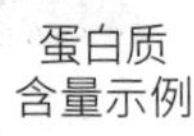

- 纳豆1盒（40g）：约6g

强度减糖时肚子饿了怎么办？

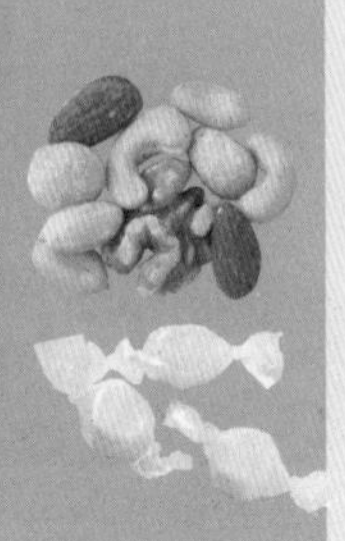

只要含糖量够低，加餐并不受限制。可以参考P11推荐的鱿鱼干、核桃、奶酪等零食。甚至可以不拘泥于1天吃3次，改为1天5次少食多餐也不错。

一日三餐示例

早餐

相当于去掉面包的
酒店早餐

以鸡蛋为中心就很好制定食谱，推荐分量十足的蛋包饭。图中是蘑菇蛋包饭。不能吃面包就用食材丰富的菜汤来增加饱腹感。

午餐

在便利店就能买到
的低糖午餐！

115g的鸡胸肉含糖量仅为0.4g，接近于零，可以放心吃。基本搭配是用沙拉来组合。加上热乎乎的速食味噌汤，能增加满足感。

晚餐

一大盘
蛋白质与蔬菜

以套餐形式为主，如果用刀叉吃，就不会去想米饭了，蔬菜多多益善。食谱可以参考P52~63介绍的一餐一盘。

如何轻松减少主食？

如果想吃碳水化合物，还是有办法的。可以买现成的，还可以在米饭里混些替代食品。只要注意总量就可以轻松享受美食。

1 在外面买减糖食品

总之就是想吃碳水化合物！根本戒不掉！这时候，在外面买些减糖的食品也是个好办法。现在减糖的食品已经越来越多。

\ 大家都喜欢的 /

面条 意大利面、拉面、乌冬面、凉面……品种十分丰富。

低热量酱油拉面。带特制酱料包，含糖量 0

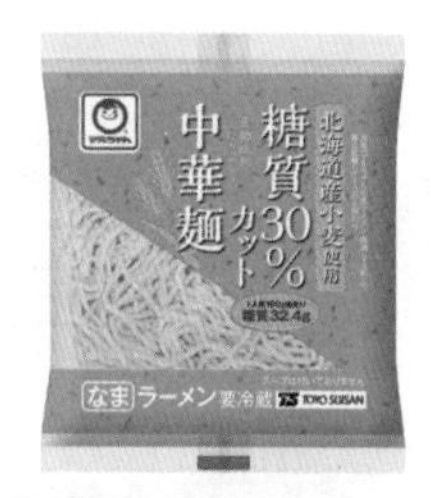

人气小丸子低糖面（1餐份）。北海道面粉拉面，减糖 30%

日本正宗乌冬面。减糖40%

海藻面。吃起来很脆，适合用来拌沙拉、拌醋或者煮汤

低糖意大利面，美味低糖，减糖 50%

Ohmy PLUS 意大利面，减糖 50%，可以搭配任何酱料

口味丰富的“0 糖分系列”中华冷面。有 0 糖细面（芝麻酱包）、0 糖圆面（意大利辣椒酱包）

※ 以上产品均产自日本，部分产品国内没有销售。读者在购买时，可挑选国产的带有“0 糖”“减糖”等标识的产品。

\ 不吃不行 /

米饭

也有减糖米饭，请仔细挑选。

健康米饭。添加了有利于肠道健康的大麦，使用日本米。

膳食纤维米饭。加入4.8g膳食纤维，可以轻松解决日常膳食纤维不足的问题

尝试西蓝花米饭与花椰菜米饭!

现在流行米饭和西蓝花或者花椰菜混在一起的吃法，市面上也有相关产品。

TOPVALU 花椰菜代餐、西蓝花代餐

\ 很多人都戒不掉 /

面包

哪怕已经适应了减糖生活，还是有很多人戒不掉面包。

减糖面包。减糖时也能吃的热卖吐司面包。

额外添加了膳食纤维的低糖面包。

低糖华夫饼

低糖英式松饼 2 个装

低糖香肠包

麦片也有低糖款

麦片富含膳食纤维，每天吃可以改善肠道环境，低糖款是个很好的选择。

卡乐比
水果麦片 少糖

2 米饭和代餐混在一起吃

下面介绍在米饭中加入花椰菜、豆渣、魔芋丝或者鸡肉末的吃法。味道都很美味，小心别吃过量。

花椰菜米饭

将60g花椰菜切碎，用微波炉稍稍加热，再迅速拌入刚煮好的60g米饭中，口感绝佳，非常适合搭配西餐。

和咖喱是绝配

还可以在花椰菜米饭中加些切碎的再制奶酪，更能满足食欲。

用鸡肉松给米饭增量

将3个鸡蛋的蛋清和50g鸡肉末混合后炒熟，拌入刚煮好的50g米饭中，鸡肉的鲜美让人心满意足。

绝对美味

和纳豆或者蛋黄一起吃，能够补充更多蛋白质。

豆渣与魔芋丝米饭

豆渣和魔芋丝都是饱腹感强易消化的食材，混在一起给米饭加量。每350g米饭加入175g预先煮熟并切碎的魔芋丝和350g豆渣。总共是6顿饭的分量。

适合搭配日餐

多搭配鸡蛋和肉类，要注意别用太多味啉或者白砂糖。

3 活用食材来增量

利用多种食材搭配来增加分量，不依赖碳水化合物就能吃饱。当然，还是要注意不能过量。

荞麦面加魔芋丝

（不含酱料）

在荞麦面中加入魔芋丝和萨摩炸鱼饼。配比是荞麦面（煮熟）90g、魔芋丝 60g、炸鱼饼 40g，汤汁鲜美让人欲罢不能。

乌冬面加鱼糕和油豆腐

（不含酱料）

把鱼糕和油豆腐切成和乌冬面同样粗细，混在一起吃，味道也更丰富可口。标准搭配是乌冬面（煮熟）150g 配鱼糕 50g 和油豆腐半张。

用鸡蛋和牛奶给吐司增量

吐司选制作三明治用的吐司（去边），2 片吐司搭配 1 个鸡蛋和 1 大勺牛奶。

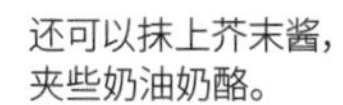

还可以抹上芥末酱，夹些奶油奶酪。

豆芽是增量法宝

（不含酱料）

拉面 60g+ 豆芽 100g+ 榨菜 40g+ 笋 40g，诀窍是切成和面一样的粗细程度。除去萝卜和卷心菜后含糖量约 20g。

减糖时该去哪儿吃，便利店还是餐馆？

下面将介绍如何巧用便利店和外出就餐的机会进行减糖。现在的减糖和过去的限制热量有所不同，要活用这些小技巧。

选择以蛋白质为主的食物
便利商店

以蛋白质为基准来选就可以放心吃

在便利店主要选择肉类、蛋类、奶酪和大豆制品。右边介绍的 5 种食物含糖量不高，适合稍微有些饿时当作零食，能让人产生饱腹感。

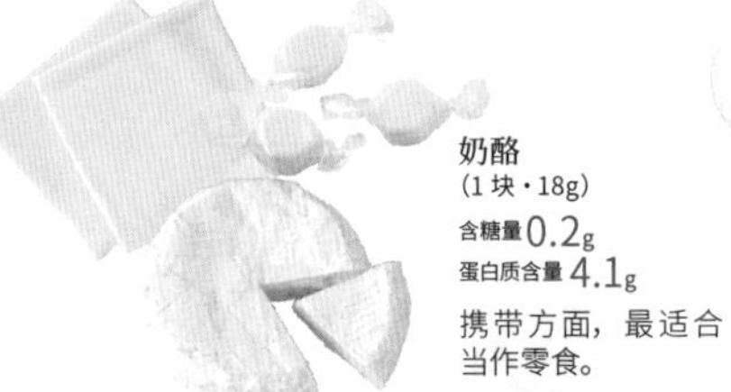

奶酪
(1 块·18g)
含糖量 0.2g
蛋白质含量 4.1g
携带方面，最适合当作零食。

水煮蛋（1 个·50g）
含糖量 0.1g
蛋白质含量 6.5g
能够轻松平衡营养。

炸鸡块（5 块）
含糖量 8g
蛋白质含量 14g
鸡肉串也可以。

关东煮（1 份）
含糖量 9.3g
蛋白质含量 12.1g
选鸡蛋、魔芋、萝卜和鸡腿肉。

煮毛豆
(1 份·140g·可食用部分 70g)
含糖量 3g
蛋白质含量 8.1g
毛豆不仅含糖量低，还含有丰富的蛋白质。

推荐家庭餐馆或者居酒屋
外出就餐

点菜不要配饭

很多家庭餐馆可以单点牛肉饼或者油炸食品，别点米饭和面包就行。

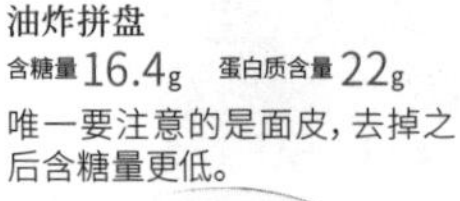

油炸拼盘
含糖量 16.4g 蛋白质含量 22g
唯一要注意的是面皮，去掉之后含糖量更低。

汉堡肉
含糖量 13g 蛋白质含量 16g
这是使用法式多蜜酱汁的含糖量。

Check 2

主食副食不能分开点的店就别去了

像盖饭、拉面、意大利面、比萨、寿司、荞麦面、乌冬面这类，主食和副食（配菜）不能分开点的店，可以从候选名单上划去了。

去便利店只买固定的食物品类，在外面吃就去居酒屋释放压力!

便利店里大多是饭团、面包、面条、糕点等高糖食品，低糖的只是极少部分。所以直接买“限定范围的商品”，不要东挑西选。

如果去外面就餐，推荐中午去家庭餐馆，晚上去居酒屋。家庭餐馆大多可以单点，直接选择低糖类的就行。居酒屋只要避开米饭和面食，基本可以爱吃什么点什么，可以放松地大吃一顿。

便当里的米饭少吃或完全不吃

最好只吃副食，如果要吃米饭，量控制在1/3~1/2。便当盒越大米饭越多，所以关键是选小份的。

便利店 one point advice

停留时间越短越好

便利店里有太多诱人的高碳水化合物食品，要是长时间在店内停留，一不小心就会买多。所以只买清单上要买的东西，其他的看都别看。

肉酱意大利面
含糖量 75.3g 蛋白质含量 21.7g

居酒屋 one point advice

选择富含蛋白质并且蔬菜丰富的副食

肉类、鱼类、蛋类、蔬菜可以随意吃到饱。只是注意最好不要吃照烧口味等带甜味的菜。

油豆腐荞麦面
含糖量 55g 蛋白质含量 19.7g

家庭餐馆 one point advice

注意挑选酱汁和调味菜

酱汁或者沙拉配菜的高含糖量容易被忽略，点餐前一定要问清楚用的什么酱汁，然后选择不甜的那种。

要注意

还要小心人工甜味剂

<示例>

〇碳酸饮料
〇葡萄糖浆、焦糖色素、酸味剂、防腐剂、香料

顺序是按添加量从多到少来排列

首先确认是否含人工甜味剂，哪怕是零热量的食品或饮料也会使用含糖类的甜味剂，这会影响血糖值或胰岛素机能。

人工甜味剂的种类

阿斯巴甜、果葡萄糖浆、三氯蔗糖、甜菊糖、爱德万甜、山梨糖醇等。

食品成分表上的含糖量一目了然

如果有糖类栏，要仔细确认。一般情况，糖类会分为碳水化合物和膳食纤维。

<示例>

营养成分表（每 100g）	
能量	300kcal
蛋白质	15.2g
脂肪	1.6g
碳水化合物	32.8g
膳食纤维	8.1g
钠	330mg
钙	30mg

含糖量的计算

碳水化合物 - 膳食纤维 = 含糖量

Point 1

确认碳水化合物的数值

准确来说，含糖量是指碳水化合物的数值减去膳食纤维的数值。因为膳食纤维的含量一般很少，所以只看碳水化合物的数值大致就能判断含糖量的高低。

Point 2

减去膳食纤维的量

碳水化合物的含量减去膳食纤维的含量就是准确的含糖量，如果没有标注膳食纤维，可以认为碳水化合物含量就相当于糖类含量。

什么是营养成分表?

法律规定必须明确标示的食品营养成分的数值。根据2007年8月颁布的《食品标识管理规定》，生产商有义务在所有的加工食品等包装上明确标明营养成分。

减糖生活
也要尽情享受 ①

肉类

必不可少的重要食材

肉类含有丰富的优质蛋白质，是人体形成肌肉和血液必不可少的材料。肉类中的蛋白质含量均衡，含有人体自身无法合成的 9 种必需氨基酸。

point 1 无论哪种肉都可以

肉类因为高热量让很多人敬而远之，不过减糖不需要考虑热量，可以放心大胆地吃。牛肉、猪肉、鸡肉，不管哪种肉都可以，换着吃更能补充多种营养。特别推荐的是红肉,大腿肉、里脊肉、脊骨肉等都可以随便吃。因为红肉所含的肉碱能帮助人体燃烧热量。

含糖量 0.3g

牛肉末（100g）

好吃易消化，不敢吃肉的老年人推荐尝试。

含糖量 0.3g

牛里脊（100g）

富含预防贫血的铁和维生素B_{12}，还有促进脂肪燃烧的肉碱。

含糖量 0.1g

猪肉末（100g）

脂肪适量，可以做肉丸或者麻婆豆腐。

含糖量 0.2g

猪里脊（100g）

切片后100g约有3~4片，猪肉含有代谢糖类所必需的维生素B_1。

含糖量 0g

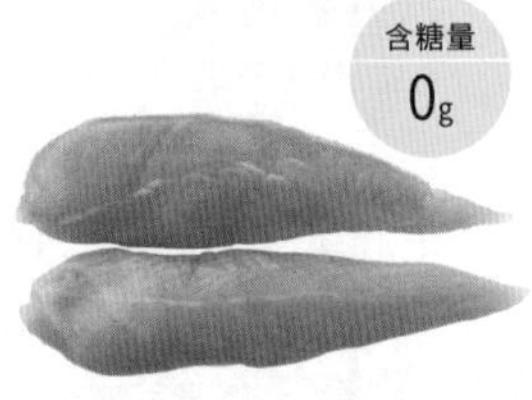

鸡小胸（100g）

煮得太熟肉质会变柴变硬，注意不要长时间高温加热。

含糖量 0.1g

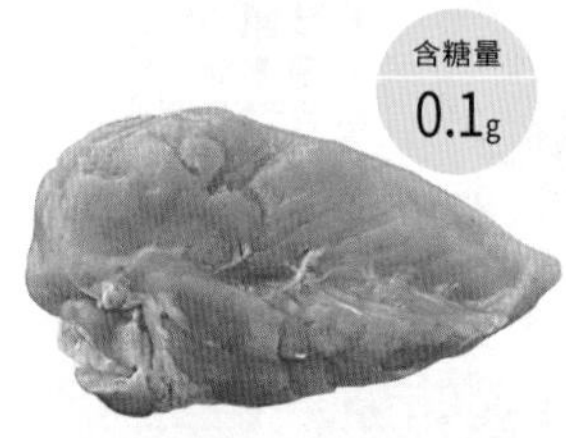

鸡大胸（100g）

鸡肉富含保护皮肤黏膜、促进血液循环的维生素K。

含糖量 1.3g

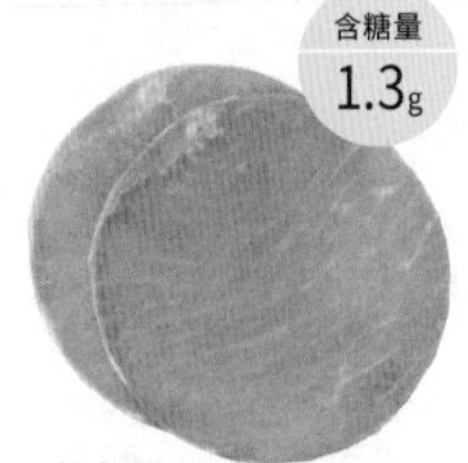

里脊火腿（100g）

这是6片火腿片的含糖量，不过因为含盐高注意别多吃。

含糖量 3g

维也纳香肠（100g）

这是6根维也纳香肠的含糖量，可以早餐或者加餐时吃。

含糖量 0.3g

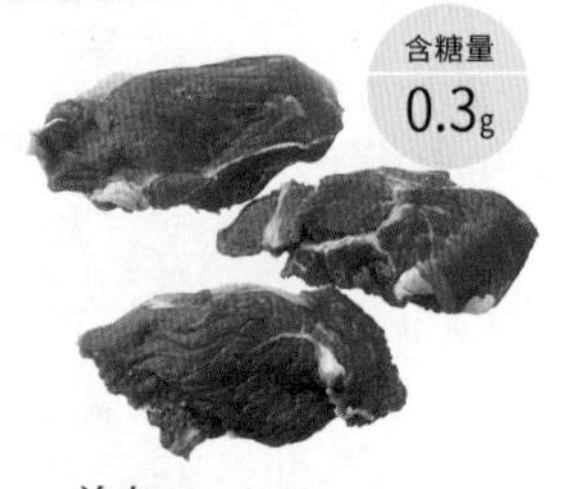

羊肉（100g）

所含帮助脂肪燃烧的肉碱是肉类中最多的。

point 2 高效摄取蛋白质

很多人在选择蛋白质食品时，以为低热量就健康，所以会选择植物蛋白类的食品。殊不知肉类所含的蛋白质差不多是豆腐等植物性食品的3倍，可以更有效地汲取营养。而且肉类还富含维生素B_{12}，这是植物性食品无法提供的。

point 3 别做成甜味

甜咸酱油味道的照烧酱汁、烤肉酱汁中使用了大量白砂糖，要尽量避免。减糖要适应只用盐和胡椒的简单调味。

含糖量 8.3g

鸡肉松（甜辣味・1人份）

用了酱油就怎么也少不了味啉和白砂糖，建议只放盐。

含糖量 6.5g

烤肉酱汁（1大勺）

一般市售的烤肉酱大都很甜，要注意。要用也只在吃肉时蘸少许就好。

哪种食物更减糖？

比起荞麦面，吃牛排反而更不容易长胖！

很多人以为热量低就不会长胖，其实荞麦面是高糖食品，含糖量约为牛排的 30 倍！午餐喜欢吃荞麦面的话，从今天开始就换成牛排！

含糖量 68.7g

VS

含糖量 1.9g

win

荞麦面 热量很低，仅约 400kcal，可是含糖量很高，小心别弄错了。

牛排 热量高达 800kcal，被很多人敬而远之，其实是减糖饮食的最佳代表。

\ 减糖生活 /
也要尽情享受②

海鲜类

蛋白质和矿物质的宝库

鱼类和肉类一样，也是高蛋白质的来源。鰤鱼、青花鱼、金枪鱼等青背鱼，含有大量的 ω-3 脂肪酸 ，比如促进血液循环的 EPA。而且肉质柔软好消化，老年人也可以吃。

point 1 刺身或盐烤 简单处理吃出原本的鲜味

如果加糖和酱油来烹饪，含糖量会过高。要吃就选择盐烤或者直接吃刺身。尤其青背鱼所含的 ω-3 脂肪酸不耐热，摄取营养最有效的方式就是生吃刺身。如果搭配酱油会想吃米饭，最好是采用意大利菜的做法，用橄榄油加盐烤制。

含糖量 0.3g

青花鱼（100g）

青花鱼也是青背鱼的一种，富含 EPA、DHA 等 ω-3 脂肪酸，还有用于造血的维生素 B_{12}。

含糖量 0.3g

鰤鱼（100g）

这类青背鱼富含 ω-3 脂肪酸 ，比如促进血液循环的 EPA。

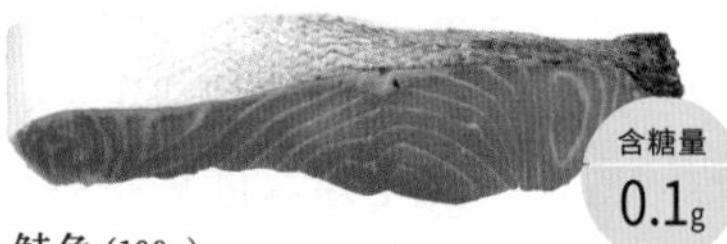

含糖量 0.1g

鲑鱼（100g）

不仅含有促进血液循环的 EPA 等 ω-3 脂肪酸 ，还有大量保持骨骼健康的维生素 D。

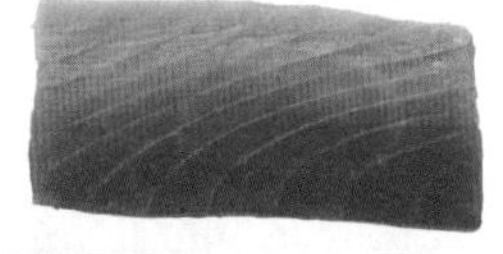

含糖量 0.1g

金枪鱼（100g）

含有 EPA 等 ω-3 脂肪酸，还有预防贫血的铁和促进骨骼健康的维生素 D。

含糖量 0.1g

鱿鱼（可食用 100g）

低脂高蛋白，富含促进骨骼代谢的镁和改善皮肤的锌等矿物质。

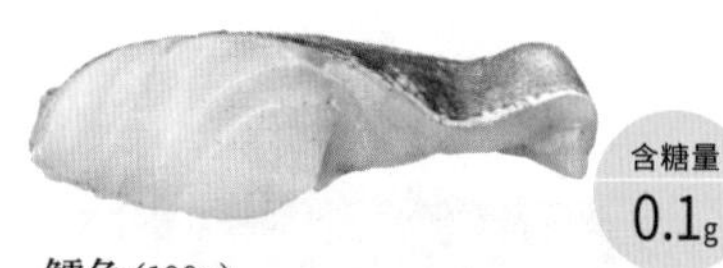

含糖量 0.1g

鳕鱼（100g）

低脂高蛋白，做刺身太软，适合煎制或者做汤。

含糖量 4.7g

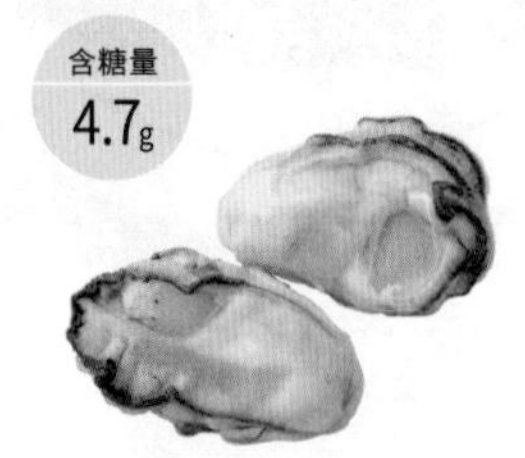

牡蛎（可食用 100g）

含有促进蛋白质代谢的矿物质锌，能改善皮肤干燥和头发毛糙等方面的问题。

含糖量 0.4g

蛤蜊（可食用 100g）

富含制造红细胞的铁以及造血需要的维生素 B_{12}，预防贫血效果明显。

含糖量 0.3g

虾（可食用 100g）

低脂高蛋白，有形成骨骼、牙齿所需的钙，还富含造血需要的铁和叶酸。

※ 可食用 100g 均指去壳、去内脏后可食用的部分净重 100g。

point 2 利用罐头，方便快捷

罐头在便利店就能买到，可以在常温下长期保存，而且打开就能吃，不用担心鱼肉变质，哪怕不会做饭也能轻松获取营养。尤其青花鱼罐头是优质蛋白质和矿物质镁的来源。

油浸鱼罐头（100g）

原料是金枪鱼或者鲣鱼，富含促进血液循环的脂肪酸EPA。

含糖量 0g

含糖量 0.2g

青花鱼罐头（100g）

青花鱼连骨头一起加热处理做成的罐头，营养丰富，汁水也不要浪费。

沙丁鱼调味罐头

注意别选甜味的，蒲烧口味（100g）的含糖量是9.6g。

注意含糖量

含糖量 5.7g

point 3 膏状海鲜制品含糖量很高

膏状食品虽然多以白肉鱼为原料，但在加工过程中会使用面粉和白砂糖，需要小心。鱼肉香肠其实含糖量也很高。

竹轮（100g）

普通尺寸的竹轮1根约为33g，这里列出的是3根（100g）的数值，要吃最好别超过1根。

含糖量 13.5g

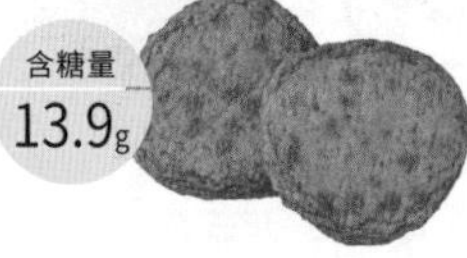

含糖量 13.9g

萨摩炸鱼饼（100g）

1块鱼饼约为40~50g，左边的数值是2块多一点的含糖量。购买时要注意别买甜味的。

鱼糕（100g）

厚度1cm的7~8片鱼糕约为100g，要吃就控制在2~3片。

含糖量 9.7g

哪种食物更减糖？

盐烤鱼的含糖量几乎是零，怎么吃都不会胖

盐烤鱼制作非常简单，又不用担心含糖量。煮来吃要么用盐和油做成意式水煮鱼，要么加鱼露①或者蚝油做成特色菜。

含糖量 8.4g

VS

含糖量 0.7g

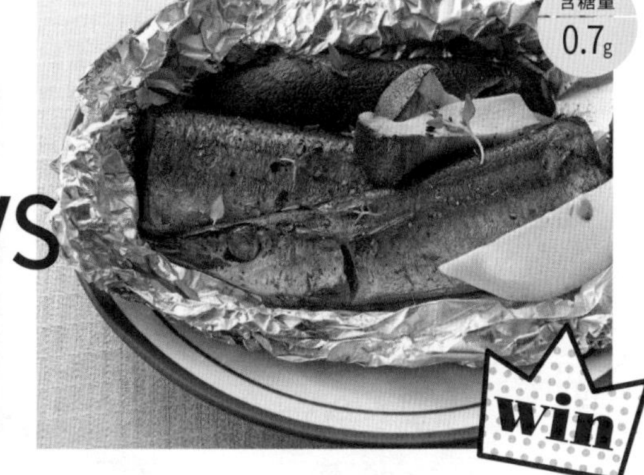

win

甜煮鱼 使用大量白砂糖和味啉的甜味煮鱼，不仅含糖量高，还会想吃米饭，要尽量避免。

盐烤鱼 推荐盐烤，吃腻了还可以用辣椒粉、花椒粉、柠檬汁来变换口味。

注：①鱼露又称鱼酱油，是一种用小鱼虾为原料，经腌渍、发酵、熬炼后得到的一种味道极为鲜美的汁液，味道带有咸味和鲜味。

蔬菜类

不同蔬菜含糖量差别很大

蔬菜富含维生素C等维持身体正常机能必不可少的维生素和矿物质，还有丰富的膳食纤维，能抑制血糖值急剧上升，预防便秘的效果也十分显著。

point 1 选择绿叶蔬菜准没错

根茎类蔬菜相对而言含糖量较高，可以吃，但一定不能过量。不知道该怎么选就以绿叶蔬菜为中心，红黄白各种颜色搭配着吃，糖分就不容易超标。绿叶蔬菜属于黄绿色蔬菜，不仅含有维生素 C、β- 胡萝卜素等维生素，还有很强的抗氧化成分。

含糖量 0.9g

牛油果

所含的维生素E能滋润肌肤，另外还含有大量膳食纤维。

含糖量 0.8g

西蓝花

能够提供每日所需的维生素C，是十分优质的蔬菜。

含糖量 0.8g

上海青

含有维生素C、β-胡萝卜素等各种维生素。

含糖量 0.3g

菠菜

富含预防贫血的铁和强韧皮肤的β-胡萝卜素。

含糖量 2.1g

芦笋

含有帮助缓解疲劳的氨基酸和天冬氨酸。

含糖量 1.9g

黄瓜

烹饪起来很简单，也可以生吃，最适合做沙拉。

含糖量 1.8g

京水菜

含有大量的维生素C和铁，可以拌沙拉生吃。

含糖量 1.7g

生菜

可以生吃，轻松解决蔬菜摄入不足。

含糖量 3.7g

番茄

红色素、番茄红素有很强的抗氧化作用。

含糖量 3.4g

卷心菜

富含保护胃部、增强胃动力的维生素U。

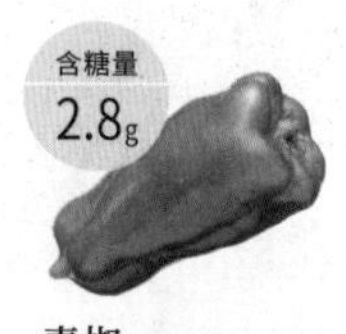

含糖量 2.8g

青椒

富含维生素C，3个就能满足每日所需量。

含糖量 2.3g

花椰菜

颜色和米饭近似，可以当代餐。

含糖量 13.5g

莲藕

切口成分为水溶性膳食纤维，能改善肠道环境。

含糖量 9.7g

牛蒡

牛蒡的膳食纤维含有能增加肠道益生菌的菊糖。

含糖量 7.2g

洋葱

气味独特的大蒜素能帮助吸收维生素B_1。

含糖量 6.5g

胡萝卜

β-胡萝卜素的宝库，可以保护皮肤和黏膜，提升免疫力。

※含糖量均为每100g中的含糖量。

point 2 蔬菜优先，用餐从蔬菜吃起

用餐应该先从蔬菜吃起，这样蔬菜的膳食纤维会将后吃下肚的糖类包裹住，缓缓移动，从而抑制血糖值的急剧上升。改为这种进餐方式，能让减糖更见成效，而且多吃膳食纤维可以预防便秘。糖类（碳水化合物）留到最后再吃。

point 3 菌类和海藻类也不错

菌类和海藻都低糖而且富含膳食纤维，不过蛋白质的含量很少，更适合当配菜做点缀，蓬松的体积也给人视觉上的饱腹感。

※含糖量均为每100g中的含糖量。

各种菌类

菌类除了膳食纤维还含有维生素D，能帮助对钙的吸收。很便宜而且一整年都买得到。

各种海藻

富含钙、镁等矿物质，而且藻类有丰富的水溶性膳食纤维，能为肠道内的细菌提供食物，从而改善肠道环境。

豆腐裙带菜味噌汤。裙带菜的膳食纤维加上发酵食品，更有利于肠胃蠕动，促进消化。

哪种食物更减糖？

要小心南瓜、豆子、番薯这类蔬菜

每 100g 南瓜的含糖量已经高达 17g，再加白砂糖调味，含糖量更高。有人可能觉得蔬菜炒肉的话会容易长胖，其实含糖量很低可以放心吃。

VS

煮南瓜 南瓜相对来说属于高糖蔬菜，不要吃过量，也别使用白砂糖调味。

蔬菜炒肉 蔬菜炒肉基本只放盐和胡椒粉调味，市售的酱汁含糖量都很高，最好不要用。

减糖生活
也要尽情享受 ④

蛋类

营养丰富，做起来也简单

鸡蛋虽然不含维生素 C 和膳食纤维，却含有丰富的蛋白质、维生素 A 等营养元素。鸡蛋所含的蛋白质包含了 9 种人体无法自身合成、只能通过食物获取的氨基酸。

point 1 营养优等生，每天多吃几个也没问题

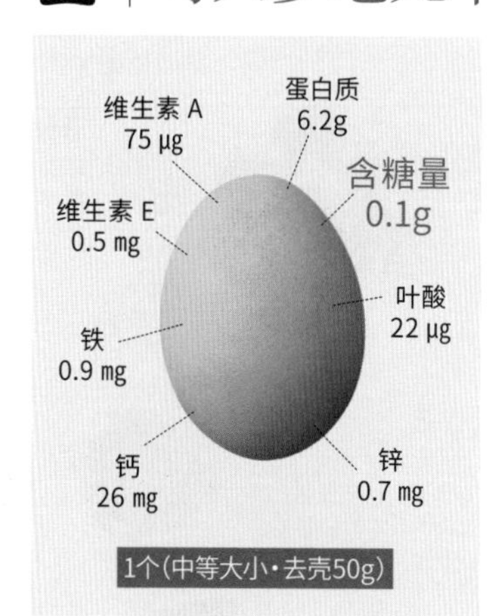

鸡蛋胆固醇含量很高（1 个约 210mg），以前的“日本人饮食摄取标准”规定了每日摄取的标准（男性 750mg 以下，女性 600mg 以下），不过由于缺乏导致疾病的依据，2015 年的新版已经取消了上限。即便是高胆固醇的食物也不可怕，因为人体会自动调节，让胆固醇保持稳定水平，并不会导致血液中胆固醇含量增高。

蛋包饭可以用 2~3 个鸡蛋

包上蘑菇、菠菜等低糖食材，分量十足保证吃饱。

point 2 调整一下加热时间就能享受不同美味

水煮蛋、煎蛋、厚蛋烧、蛋包饭……使用鸡蛋能做出各种菜，不过要避免使用白砂糖和面粉。推荐吃水煮蛋，不仅做起来方便，加热时间不同口感也不一样，变着花样吃也是一大亮点。

从冰箱里取出鸡蛋，放至常温。然后放进锅里，加水没过鸡蛋，煮开后调成中火，根据自己的口味，调整时间再煮一会（可参考右侧溏心蛋、半熟蛋、全熟蛋的加热时间）。

焖一下就更简单了！

如果不想等水煮开，可以只加少许水加盖把蛋焖熟，时间跟上面一样。

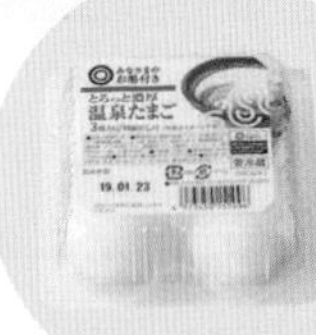

市售的温泉蛋保质期大概是1周，自己在家做的只能放2~3天。

减糖生活
也要尽情享受⑤

乳制品

轻松获得蛋白质

乳制品是最常见的蛋白质来源，而且烹饪简单，最适合早餐和加餐时吃。奶酪品种丰富，是宝贵的零食。生奶油也属于低糖类。

point 1 含糖量最少的是奶酪

在代表性的乳制品中，含糖量从低到高依次是奶酪、酸奶、牛奶。因为牛奶中含有大量名叫乳糖的糖类，虽然单位重量的含糖量跟酸奶差不多，但牛奶是液体，量更大，所以含糖量偏高。

再制奶酪（100g）
在奶酪发酵成熟的过程中，乳糖已经分解，所以含糖量很低。都说100g奶酪等于1L牛奶，营养高度浓缩。

酸奶（1餐份·100g）
请选择无糖酸奶。因为经过发酵，所以乳糖不耐受人群也可以吃。冬天可以加热到37°C左右再吃。

牛奶（1杯·200ml）
喝牛奶要注意量，别把牛奶当饮料大口大口地喝，最好添加到红茶、咖啡里，或者用来做菜。

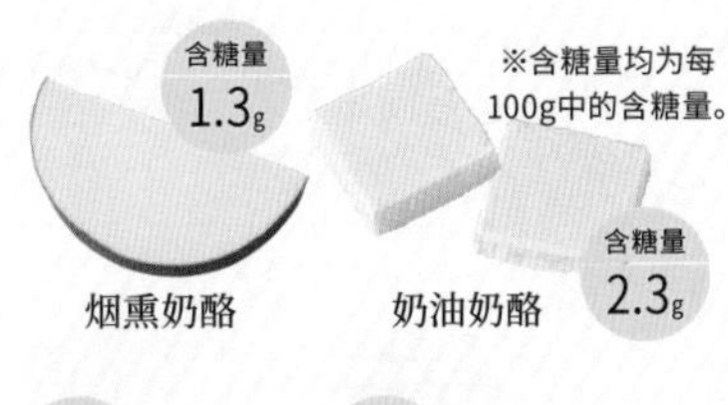

烟熏奶酪　奶油奶酪

※含糖量均为每100g中的含糖量。

哪种奶酪都可以吃

用于制作甜点的奶酪加了甜味剂，含糖量会很高。除此之外的奶酪，哪种都可以放心吃。其中含糖量最低的是卡芒贝尔奶酪。推荐原制奶酪，里面有活的乳酸菌和霉菌。

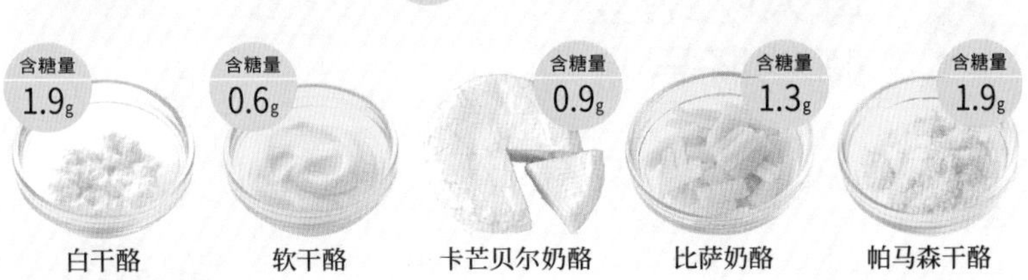

白干酪　软干酪　卡芒贝尔奶酪　比萨奶酪　帕马森干酪

point 2 生奶油和黄油可以随便吃

生奶油和黄油都因为高热量被敬而远之，不过二者的含糖量都很低，适量食用并不会导致发胖。只是人体会先燃烧食物中的脂肪，然后才轮到体内堆积的脂肪，所以会影响减肥效果。如果本身很消瘦，就应该多吃。

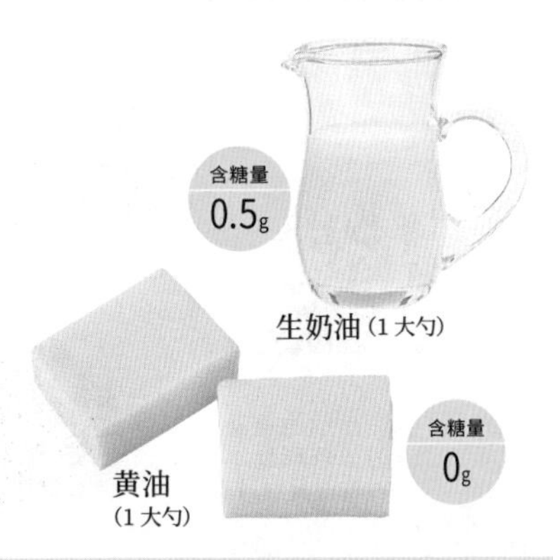

生奶油（1大勺）

黄油（1大勺）

减糖生活
也要尽情享受 ⑥

大豆制品

易饿人群的救星

大豆被称为“田里的肉”，是植物蛋白质的来源。大豆（水煮100g）的含糖量低至1.8g，豆腐、纳豆、油豆腐、冻豆腐等加工品同样是低糖高蛋白食品，价格也很低廉。

point 1 豆腐和炸豆腐块可以代替米饭

豆腐或者炸豆腐块分量很足，很容易吃饱，完全可以代替米饭。哪怕吃一整块豆腐，含糖量才相当于一碗米饭的 1/15。油豆腐还可以代替比萨的饼胚，放上奶酪和食材烤制一下，冻豆腐用热水泡发后烤熟吃起来就像面包，可用于代替面粉制品。

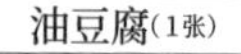

油豆腐（1张）

含糖量 0g

油炸后的薄豆腐片，富含钙和矿物质。

炸豆腐块（1块）

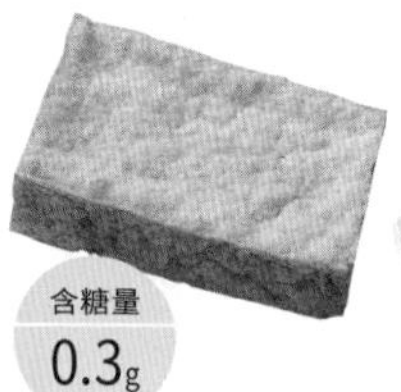

含糖量 0.3g

油炸过的厚豆腐块，分量十足。

冻豆腐（3块）

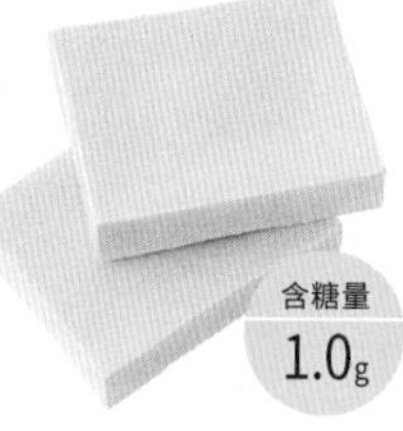

含糖量 1.0g

豆腐冰冻干燥后的产物，用热水泡发后很软。

豆腐（1块·300g）

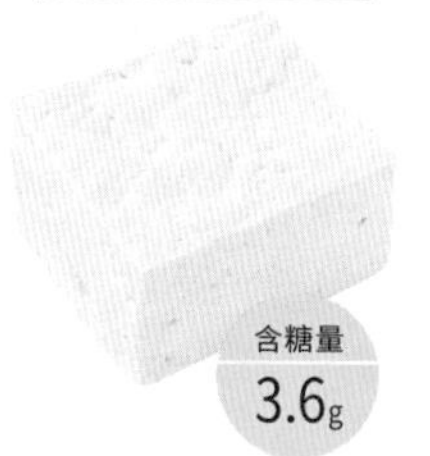

含糖量 3.6g

这是北豆腐的数值，南豆腐1块含糖量为5.1g。

point 2 每天吃纳豆调整肠胃状态

煮熟的大豆经纳豆菌发酵就成了纳豆。不仅保有大豆的营养，经发酵分解后的营养物质也更易吸收。在膳食纤维和发酵的双重作用下，能有效调整肠胃环境。

纳豆（1盒·40g）

含糖量 2.1g

不同种类的纳豆含糖量几乎一样，喜欢哪种就吃哪种。别用附带的酱包，自己洒些酱油更减糖。

point 3

豆浆比牛奶含糖量低

由于牛奶中含有乳糖，所以相比之下豆浆更低糖。豆浆中富含植物性蛋白质和镁、铁等矿物质，还有与雌激素结构相似的大豆异黄酮。可以和牛奶一样直接喝或是用来做菜。

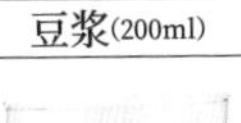

豆浆(200ml)

含糖量 6.6g

选择无添加的原味豆浆。市售的也有添加甜味剂的豆浆。

牛奶(200ml)

含糖量 10.1g

因为含乳糖，量多的话就容易糖分超标，注意别喝多。

point 4

饱腹法宝豆渣

特点是低糖富含膳食纤维，相对来说没有怪味，适合当成增量食材。比如说制作土豆泥，可以把一半土豆换成豆渣，从而实现减糖。

含糖量 2.3g

豆渣(100g)

煮熟的大豆榨完豆浆后的剩余产物。

哪种食物更减糖？

日餐的调料含糖量偏高，调味时要注意

不要使用白砂糖或者味啉这类甜味调料，可以简单煮熟后用盐和胡椒粉调味。

含糖量 7.5g

VS

含糖量 0.9g

炸豆腐块杂烩

日式杂烩含糖量较高，要做就尽量使用减糖的甜味调料。

豆腐比萨

图中使用了明太子、奶酪等低糖食材，其他还可以选择金枪鱼、水煮蛋、火腿等。

调味品

减糖的盲区

哪怕少吃米饭、选择低糖食材，如果调味品没选好，就会前功尽弃！调味品里也含糖，平时喜欢吃甜或者口味太重就要小心了。

point 1 不用白砂糖是基本，1大勺就有8.9g糖分

减糖时要尽量避免使用任何形式的白砂糖。照烧之类的日式风味会使用白砂糖，一定要注意。面露、味啉、番茄酱、辣酱油、市售的调味汁都是高糖甜味品。使用时一定要少放，而且不能喝煮出的汤汁。另外，面粉、淀粉等粉类也含糖，可以使用，但要注意用量。

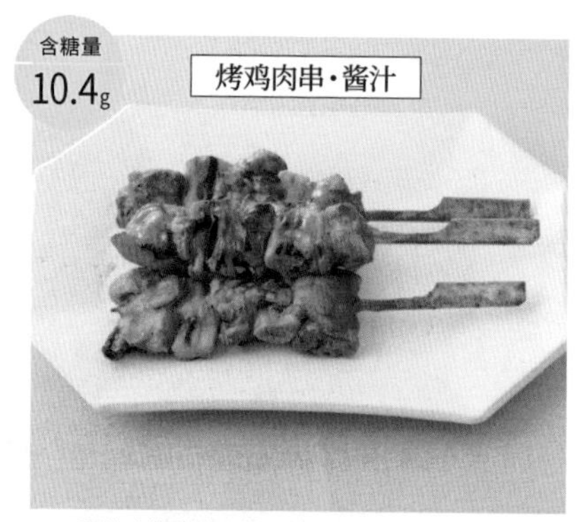

照烧味的酱汁含糖量很高。

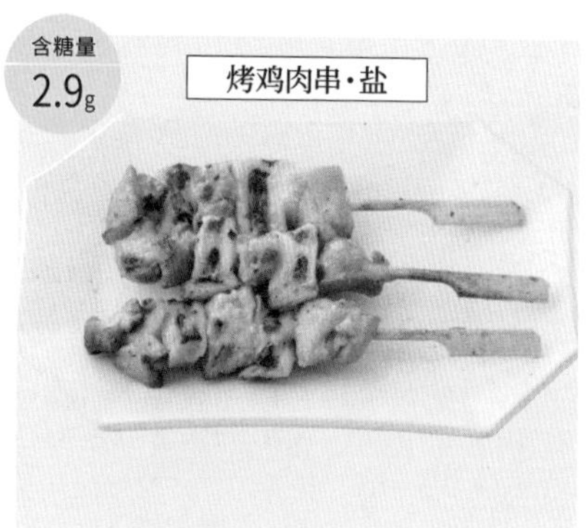

只放盐简单调味。

point 2 不会选就用盐和胡椒粉调味

日餐除了用盐，还会用到酱油、白砂糖、味噌等各种调味品，而意大利菜或法国菜基本只用盐调味。只放盐来烘托出食材原本的味道，反而是美味的。

盐（1小勺）
注意用盐不要过量。

胡椒粉（0.1g）
反正用量很少，不用在意糖分。

point 3 醋能降血糖

有研究结果表明，用餐时喝1大勺醋，能抑制餐后血糖值上升，原理之一是醋中含有抑制糖类分解的酶。不过味道太酸会想加白砂糖，起到反效果，推荐使用酸味更加柔和的苹果醋。

醋（谷物醋、苹果醋·1大勺）
等量的含糖量米醋是1.1g，黑醋1.3g，葡萄酒醋0.2g。

寿司醋（1大勺）
这种醋加了白砂糖和盐，避开甜味总不会错。

point 4 蛋黄酱爱好者的福音!

含糖量 0.3g

蛋黄酱热量很高，减肥时大家都不敢吃，不过以减糖的观点来看，其实是优质的低糖食品。虽然含有反式脂肪，只要多吃抗氧化的维生素和矿物质就没问题。

蛋黄酱（1大勺）

上面是普通蛋黄酱的含糖量数值，热量减半型反而是0.5g，选普通的就行。

point 5 味噌可以调整肠胃状态

曲菌能给肠道增加益生菌，膳食纤维则能为肠道的益生菌群提供养分。二者一起食用，会对肠道双倍有益。味噌就同时含有这两者，调整肠道环境的效果十分明显。

最好是“红味噌”

含糖量 1.4g

由豆曲发酵而成，也叫八丁味噌，是味噌里含糖量最低的。

含糖量 3.0g

普通味噌

（米曲味噌·1大勺）

曲的种类不同含糖量也不一样。麦曲味噌是4g。

point 6 用豆瓣酱或者鱼露换口味

如果想吃不一样的味道，豆瓣酱和辣椒粉的辣，鱼露和酱油的鲜，再加上蚝油的浓烈，还有香草和香料的香，可谓变幻无穷。

豆瓣酱（1大勺）

含糖量 0.6g

蚝油（1大勺）

含糖量 2.7g

含糖量 0.5g

鱼露（1大勺）

point 7 也有减糖调味品

已经有越来越多不用担心糖类的减糖调味品，除了调味剂和酒，还有减糖型的面露、味啉、番茄酱、沙拉酱、烤肉酱等。

罗汉果S

使用葫芦科果实罗汉果和赤藓醇制作的甜味剂。

减糖酒

如果担心含糖量，做菜时可以用减糖的清酒代替料酒。

注意用量 要小心的调味品

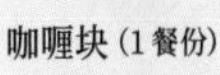

咖喱块（1餐份）

加了面粉所以含糖量高，改用咖喱粉。

含糖量 7.8g

含糖量 7.3g

淀粉（1大勺）

市售的大都是玉米淀粉、土豆淀粉。

面粉（1大勺）

油炸东西时改用黄豆粉做面衣。

含糖量 5.9g

含糖量 4.6g

番茄酱（1大勺）

番茄泥加醋、白砂糖、盐和香辛料混合的调味品。

含糖量 2.6g

沙拉酱（芝麻·1大勺）

不同的商品含糖量不同，一定要确认成分表。

含糖量 3.0g

面露（3倍浓缩·1大勺）

就是加了白砂糖、味啉和酱油的高汤。

含糖量 7.8g

味啉（1大勺）

含味啉的调味料含糖量更高，1大勺有9.9g。

饮料、酒

选对种类，酒也可以喝

饮料的话基本上选择水、茶和黑咖啡就可以了。可以喝酒，但要看种类。下面就介绍哪些含糖量高的饮料和酒不能喝，哪些含糖量低的饮料和酒可以喝。

基本只喝蒸馏酒，减糖啤酒也可以，葡萄酒可以少量喝

以前的减肥常识是酒精类热量高不能喝，不过减糖是可以喝酒的，要学会选择低糖的“蒸馏酒”。蒸馏酒含糖量为 0，包括威士忌、烧酒、伏特加等。

饮用时可以兑水或者苏打水，不要喝果汁调的鸡尾酒。酿造酒含糖量也很高，其中葡萄酒相对较低，只要不超过 2 杯就可以。还有啤酒，1 罐（350ml）含糖量就高达 10.9g，一定要喝的话就选低糖型。

OK 减糖时可以喝的低糖饮料 & 酒

含糖量
1.9g

红酒
(1杯・125ml)

白葡萄酒每125ml含糖2.5g，无论喝哪种，都不要超过2杯。

含糖量
0.7g

咖啡
(100ml)

喝黑咖啡，可以加生奶油（1小勺生奶油的含糖量约为0.2g）。

低糖饮料&酒清单

- 水、苏打水
- 红茶（无糖）
- 绿茶
- 乌龙茶
- 花草茶
- 豆浆
- 威士忌
- 烧酒
- 泡盛
- 白兰地
- 低糖啤酒
- 葡萄酒（尤其是红酒）
- 伏特加
- 金酒

含糖量
0.9g

高球
(250ml)

威士忌不含糖，兑水或者苏打水也不含糖。不过高球会用到柠檬汁，有少许糖分。

含糖量
0.9g

金酒兑苏打水
(200ml)

如果用含糖的奎宁水来兑，含糖量为14.5g。

含糖量
0.5g

茶
(500ml)

绿茶、大麦茶、乌龙茶这些瓶装饮料含糖量都一样。

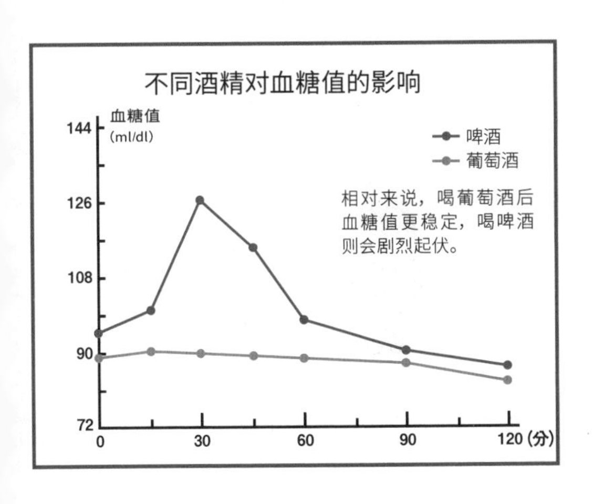

不用担心糖类可以放心喝的减糖酒

最近各大品牌纷纷推出了0糖啤酒、0糖鸡尾酒等，一定要仔细看标签或者成分表。

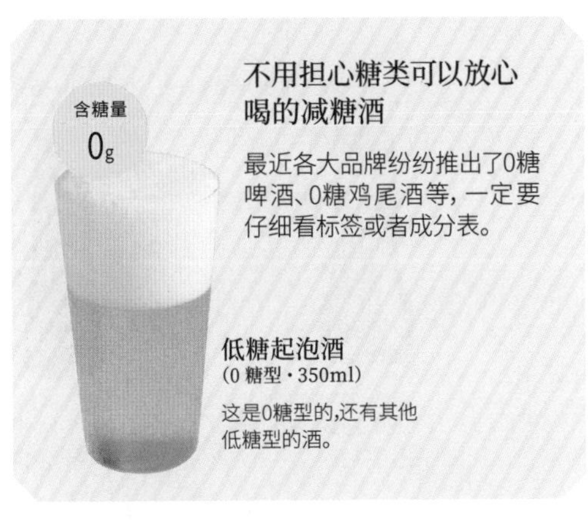

含糖量
0g

低糖起泡酒
(0糖型・350ml)

这是0糖型的，还有其他低糖型的酒。

减糖生活
也要尽情享受 9

脂类

要想瘦得匀称，好脂肪必不可少

脂类的主要用途是提供能量，优质的脂肪可以加快身体脂肪燃烧。脂类还是形成细胞膜所需的材料，同时会影响激素分泌和维生素的吸收，是人体不可或缺的营养元素。

point 1 橄榄油是万能的烹饪油

常温下是液态，使用方便，在植物油（椰子油除外）中抗氧化能力较强，适合加热烹饪。橄榄油约 70% 的成分是油酸，一般用来做菜的色拉油是 ω-6 系列脂肪酸的混合油。市售的各种食品中会加入很多 ω-6 系列脂肪酸，所以在家做菜时就使用 ω-9 系列脂肪酸的橄榄油，可以预防 ω-6 系列脂肪酸过多引起的炎症。橄榄油有多种制作方式，推荐选择更自然的制法。

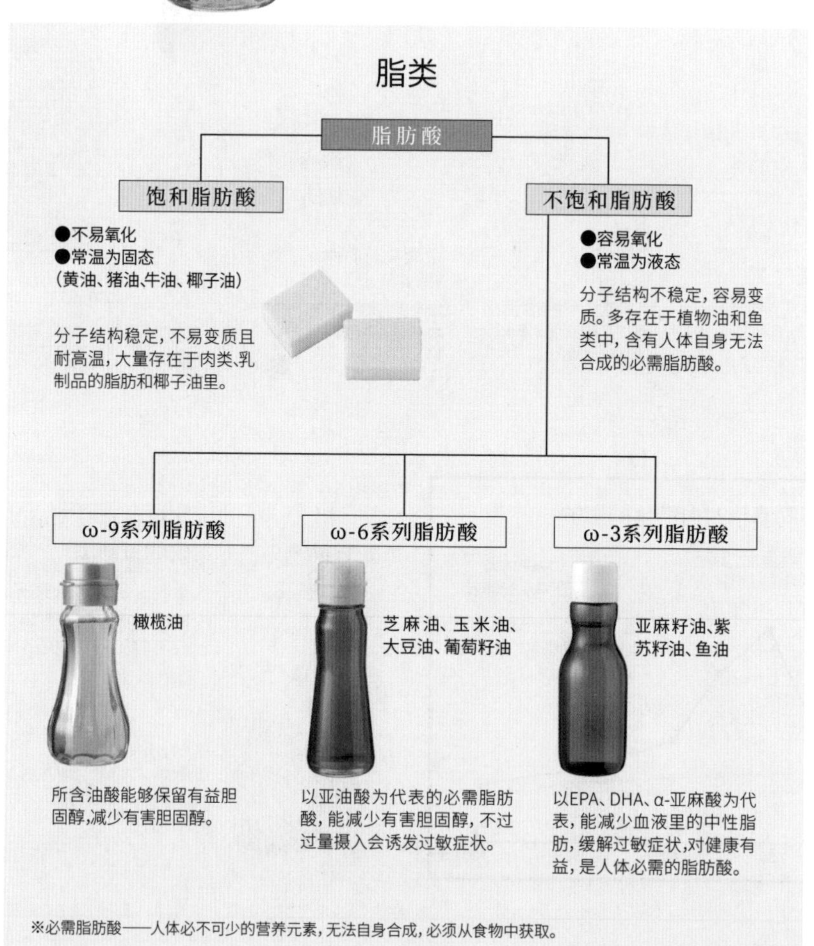

point 2 摄入ω-3系列脂肪酸，生吃是诀窍

必需脂肪酸ω-3可以多吃，ω-6系列脂肪酸和ω-3系列脂肪酸按1：1的比例摄入最为理想。市面上容易买到的有富含α-亚麻酸的亚麻籽油和紫苏籽油。ω-3系列脂肪酸怕热，可以用来拌凉菜。

亚麻籽油

用亚麻这种植物的种子榨出的油，又叫胡麻油。无须加热，每天摄入1小勺即可。

point 3 动物性脂肪可以大胆吃

动物性脂肪含胆固醇高，不过《日本人饮食摄取标准》从 2015 年版起就废除了胆固醇的摄取上限。食品中的胆固醇并不会直接导致人体血液中胆固醇值的上升，所以动物性油脂一定要吃。植物油和动物油的摄入比例为 2：1。

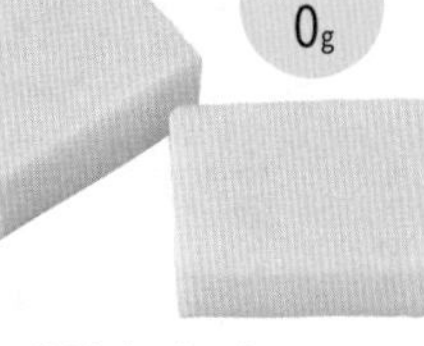

黄油也可以吃

动物性脂肪除了乳制品的黄油，还有猪油和牛油，这些都不怕加热，可以用来炒菜。

point 4 椰子油有妙用

椰子油约 60% 都是可以立刻转化为能量（酮体）的中链脂肪，食用后约 2 小时就开始提供能量，速度约为普通油脂的 5 倍。利用椰子油来减糖，可以削减对碳水化合物的食欲，顺利切换至燃烧身体脂肪的路线。

有椰子独特的甜香，一开始可以加到咖啡或者味噌汤里，混在加热的饮料或汤汁里就很容易摄取。

椰子油

低于 20°C椰子油就会凝固，由于不易氧化又耐热，适合烹制热菜。标准是 1 天 2 大勺。

point 5 要小心人造黄油！

人造黄油和起酥油含有反式脂肪，容易导致心脏病和动脉硬化等疾病，能不吃就不吃。饼干和零食中通常会含有，购买时一定要先看成分表。

什么是反式脂肪？

要小心
氢化制成的人工油脂

诸多研究结果表明，过量摄入反式脂肪，会增加患心肌梗死等疾病的概率。而且已证明反式脂肪和肥胖、过敏性疾病等有关联。

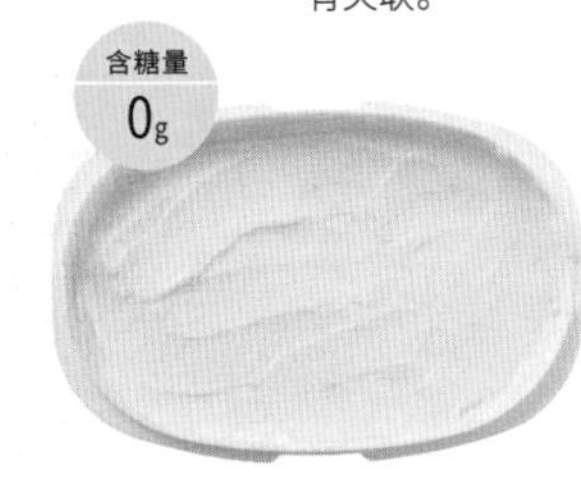

人造黄油

最近也出现了不含反式脂肪的食品，请先确认后再购买。

Q&A：打消对“减糖”的顾虑

很多人听过“减糖”这种说法，但不清楚具体该怎么做。也有人怀疑，减少糖分摄入真的对身体有好处吗？下面我就来一一为大家解答首次尝试减糖可能会产生的各种疑虑。

常见问题

我听说严格减糖对身体不好，是真的吗？

答疑解惑

不吃米饭但保证菜肉的摄入，就不会影响健康。

针对减糖，问得最多的问题是“到底要把糖分的摄入控制到哪种程度”。只是戒掉糕点这类甜食就行吗？还是要减少饭量呢？难道三餐都不吃？甚至还要更严格？

其实，在减糖的实践中，每个人采取的方式都因人而异，具体控制到哪种程度也没有硬性规定。如果真要做到绝对“严格”，最终就是完全“断糖”。可是，蔬菜也含糖，要是过于极端，就必须连蔬菜里的微量糖分也斤斤计较。如果你身体健康，是以减重或者维持健康为目的，就不需要把自己弄得太过神经质。

本书为大家提供了弱、中、强三个级别的减糖方案（详见 P16~21），共通之处是都以“保证吃菜吃肉”为前提。先从制定菜谱开始，以富含蛋白质的肉类、鱼类、鸡蛋、大豆制品为主，配以足量蔬菜，力求吃饱吃好。米饭不再是主食，当成配菜来吃更合适。

减糖会导致肌肉流失吗?

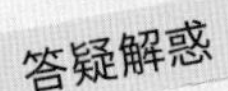

摄入足量的蛋白质就能维持肌肉量。

人们常以为减糖中的“减 = 限制”，是在做减法。其实，这是天大的误会。

我们一般的饮食都是以米饭为主食，配上菜和肉。所以一提到减糖，很多人都以为直接不吃米饭就行。殊不知，这样会导致能量严重不足。而且，现在不少人还在相信热量神话，菜谱都以蔬菜和豆腐为主，结果就是不能保证人体必需的营养。

这种做法是“错误的减糖”。如果你在减糖过程中出现肌肉减少、浑身无力等症状，就该立刻检查食谱了。

“正确的减糖”是在控制糖分的同时，摄入足量富含蛋白质的肉类、鱼类、鸡蛋和大豆制品，应该想象成在做加法。本书提供的人体每日所需蛋白质的量是以体重 ×1.3g 计算（体重 50kg 的人需摄入 65g 蛋白质）。所以，减糖饮食不仅不会减少肌肉，反而能让肌肉更加紧致优美。

蛋白质摄取标准（推荐值／g）

年龄＼性别	男性	女性
10~11 岁	50	50
12~14 岁	60	55
15~17 岁	65	55
18 岁以上	60	50
70 岁以上	60	50

摘自《日本人饮食摄取标准（2015 年版）》

减糖会导致营养不良吗？会营养失衡吗？

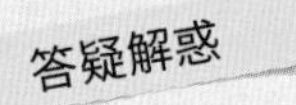

减糖反而会使营养更均衡。

完全不用担心。实施减糖饮食后，反而会比从前吃得更营养，因为会吃大量富含蛋白质的食物。减糖是在控制糖类摄入的同时，要求每 1kg 体重补充 1.3g 蛋白质（体重 50kg 的人需要 65g 蛋白质）。

肉类、鱼类、蛋类、乳制品、大豆制品都是优质蛋白的来源，通过合理搭配，不仅能补充蛋白质，还能补充丰富的脂类、维生素和矿物质。

你知道吗？其实以碳水化合物为中心的饮食才容易营养不良。碳水化合物（糖类）在体内的消化分解需要 B 族维生素的协助，会消耗体内的营养元素。

然而，多数碳水化合物并不含维生素或矿物质，所以要想补充维生素、矿物质等，就必须多吃动物肝脏、猪肉、金枪鱼、鲑鱼和牛奶等食物。

减糖的同时摄入足量的蛋白质，这才是补充身体必要营养的高效饮食法。

听说减糖后，体重容易反弹……

答疑解惑

别把减轻体重当成减糖的目标，这就是防止反弹的诀窍。

减肥反弹恐怕并不局限于减糖，如果常常听到这种说法，或许从侧面证明了通过减糖成功减肥的人很多吧。

只是，很多人一旦达成了减肥目标，就会打着“奖励”的旗号开始猛吃甜食，饮食就此回到以碳水化合物为中心的时候，这样的例子也有。

减糖并不是一种减肥方式，应该将其视作贯彻一生的健康饮食方式。

所以，建议不要只以体重的数值作为减糖的目标。

减糖不只可以减重，对身体健康更是大有益处。如果配合体型和皮肤状态，利用减糖来调整身体的状态，就会和反弹无缘了。

另外一个窍门是，哪怕吃了甜食也别因为自责而半途而废，继续实施减糖就可以。

坚持的决心也是减糖成功的关键。

常见问题

糖类不足大脑岂不是要罢工？身体会不会缺乏能量？

答疑解惑

人体的能量来源并不只是葡萄糖

现代人以米饭、面粉制作的面包等为主食，所以糖类才成了能量来源。

你知道吗？其实人体并不是只能利用糖类，脂类和蛋白质同样也可以为人体提供能量。比如说肚子饿了，一下子没法补充糖类，人体就会将氨基酸（蛋白质）转化为糖类输送进血液。

而脂类分解得到的脂肪酸会在肝脏内转为“酮体”，成为能量源。所以人体的能量来源其实有葡萄糖和酮体两种。

之前一直认为只有葡萄糖能为大脑提供能量，不过近年来的研究发现，酮体同样能为大脑提供能量。

酮体产生的能量约为葡萄糖的 1.25 倍，是非常高效的能量来源。

减糖要求多吃肉类、鱼类、蛋类，确保摄入充足的动物性蛋白质，而且要多食用橄榄油、亚麻籽油、椰子油，所以并不会导致身体能量不足。

肉和油都是高热量，不会越吃越胖吗？

答疑解惑

减糖不需要担心热量

“热量”其实是能量的单位，能使 1ml 水的温度上升 1℃所需的能量就是 1cal（卡），那么 1L 水上升 1℃需要 1kcal（千卡）。套用到人身上，就是热量减肥。

其理论是，比如吃了含 100kcal 能量的食物，如果能量没被完全消耗，剩下的就会变成“脂肪”囤积起来。

可是，近年来美国对国民健康营养调查的结果显示，摄入热量的增加和体重的增加没有关系。通过限制热量的方式来减肥已经成为过去式。

减糖不需要太在意热量，但也不能每天都吃太多的肉。吃太多的肉，肯定瘦不了。因为蛋白质也能转化为糖类，导致大量胰岛素的释放。

同理，如果脂肪类吃得太多，也会囤积成身体脂肪。减肥切忌暴饮暴食和狼吞虎咽，要细嚼慢咽。

正确的减糖饮食一目了然！

减糖食谱

下面为大家介绍减糖饮食的各种食谱，哪种打钩最多，就是最适合你的方式。还可以多种方式相互组合。

减糖饮食 style 1

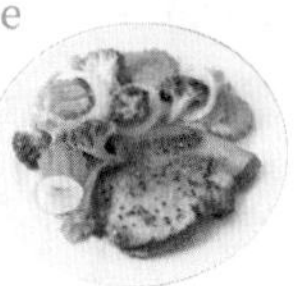

一餐一盘

取一个大餐盘，蛋白质（肉类、鱼类等）和蔬菜副食各占一半就是一顿饭。分量一目了然，适合刚开始认真减糖的人群。

详见 P52~63

适合人群

- □ 不知道该吃什么
- □ 不知道该吃多少
- □ 不想做太多花样
- □ 想果断改变饮食习惯
- □ 认真开始减糖

减糖饮食 style 2

汤锅 轻松吃到饱

特别适合对下厨没信心的人，只需要放入食材煮熟就行，制作方法简单、不易失败还非常美味。丰富的食材分量十足，连汤一起喝保证能吃饱。

详见 P64~73

适合人群

- □ 不会做菜，或者想简单一些
- □ 只想做一样菜
- □ 回家太晚，每天很晚才吃晚餐
- □ 一定要吃饱才罢休
- □ 性格有些懒散

传授 3 种提升减糖效果的吃法和食谱！

巧用这些减肥技巧，配合上面的吃法更能发挥效果。

先吃蔬菜

你知道先吃蔬菜可以提升减肥效果的“蔬菜优先”理论吗？多掌握些高膳食纤维蔬菜的简单做法吧。

详见 P114~117

减糖饮食 style

3

各具风味的下酒小菜

种类丰富的小菜配上小酒，边吃边喝。适合喜欢喝酒和做菜的人群。注意别喝过头，最后不要吃碳水化合物。

详见 P74~89

适合人群

- ☐ 每晚都要喝个小酒
- ☐ 晚餐有酒和小菜就够了
- ☐ 喜欢制作各种菜品
- ☐ 喜欢量少但品种丰富的小菜
- ☐ 想和亲朋好友一起在家里享受美食

减糖饮食 style

4

在经典菜式的味道和食材上花心思

菜还是平时吃的那些，只是把食材和调味品改为低糖。适合逐步减少米饭，想慢慢适应减糖的人。

详见 P90~101

适合人群

- ☐ 想继续按原来的菜谱来减糖
- ☐ 不想大幅改变之前的饮食习惯
- ☐ 喜欢在做菜上下功夫
- ☐ 想从食材和调味开始减糖
- ☐ 喜欢日餐，想学日式菜

减糖饮食 style

5

巧用各种预制菜

适合平时很忙的人在周末准备好下周要吃的东西，也适合当零食加餐，或者用来做便当。不时填一下肚子，能避免正餐吃太多。

详见 P102~113

适合人群

- ☐ 平时很忙没时间下厨
- ☐ 想一次多做些
- ☐ 想趁休息日做好
- ☐ 希望随时能从冰箱里拿出来就吃
- ☐ 想自己做便当

汤菜更有饱腹感

如果不吃主食或者少吃感觉吃不饱，可以配上汤菜。汤水下肚更能饱腹。

详见 P118~121

打造易瘦体质的早餐食谱

减糖的关键就是早餐，如果早晨血糖值就上升，那一整天都会受影响。所以早餐吃什么尤其重要，建议多吃鸡蛋。

详见 P122~125

还有甜点

安心的自制糕点

详见 P126~129

减糖饮食 style 1

必需的蛋白质与蔬菜，分量一目了然

一餐一盘

请准备一个直径约 24cm 的餐盘，一半用来盛放提供蛋白质的肉类、鱼类、蛋类，剩下一半盛放烹饪好的蔬菜。这样二者各有 100~150g，正好相当于每日所需蛋白质和蔬菜总量的三分之一。

一餐一盘的要点

1. 24cm 的餐盘内肉或鱼类和蔬菜各占一半。
2. 能摄入 20~30g 蛋白质。
3. 能摄入 100g 蔬菜。

肉或鱼类和
蔬菜按 1：1 装盘

约 100g
蔬菜

肉类或鱼类 100~150g
（含 20~30g 蛋白质）

直径 24cm 的餐盘

芥末风味的温热沙拉

食材（2人份）

西蓝花……1小棵（100g）
洋葱……100g
胡萝卜……50g
绿叶生菜……少许

A
醋……1大勺
盐……1/4小勺
胡椒粉……少许
橄榄油……2大勺
芥末酱……2小勺

做法

1. 将西蓝花分成小朵，洋葱按 7~8mm 等宽横切。将胡萝卜切成 5mm 厚的圆片，用模具压成任意喜欢的形状。
2. 在锅中加入水并煮沸，依次间隔少许时间放入胡萝卜、洋葱和西蓝花。等煮熟变色后捞起，沥干水分。
3. 将A倒入碗中，并搅拌均匀，制作调味汁。
4. 在餐盘内铺上生菜，并盛入煮好的蔬菜，淋上调味汁。

煎猪排

食材（2人份）

猪里脊……2块（300g）
盐、胡椒粉……各少许
大蒜（切成末）……1瓣
橄榄油……1大勺
黑胡椒碎粒……少许

做法

1. 将猪里脊去筋轻轻拍打，撒上盐和胡椒粉腌制。
2. 在平底锅中加入橄榄油，并用小火翻炒蒜末。待炒出香味，蒜末稍微变色后盛出。
3. 将 2 的蒜末倒入 1 腌好的猪里脊中，用中火煎 5~6 分钟至焦脆后翻面再煎 2~3 分钟。
4. 装盘，并撒上黑胡椒粉。

西蓝花富含维生素C，
洋葱能帮助吸收猪肉中的维生素B_1。

黑胡椒烤鱼

含糖量 6.3g　蛋白质含量 28g

食材（2人份）

鲕鱼……2块（250g）
盐、黑胡椒碎粒……各少许
嫩豌豆荚……60g
洋葱……100g

做法

1. 在鱼块上撒上盐和黑胡椒碎粒。
2. 将嫩豌豆荚去筋，并用沸水焯好后沥干。将洋葱带芯切成月牙形。
3. 将腌好的鱼肉放在烧烤架上（或者烤箱中），烤8~10分钟，烤至焦黄色（单面加热时中途需翻面，可以盖一层铝箔纸防糊），然后放入洋葱再烤5~6分钟，最后和豌豆荚一起装盘。

白菜酸奶油烩菜

含糖量 4.4g　蛋白质含量 1.7g

食材（2人份）

大葱……1根（80g）
白菜……150g
橄榄油……1/2大勺
A | 盐……少许
百里香（新鲜）……少许
月桂叶……1/2片
酸奶油……50g

做法

1. 将大葱纵向对半切开，然后切成4cm长的段。将白菜切成适中大小。
2. 在平底锅中放入橄榄油，开中火烧热后倒入切好的蔬菜，翻炒均匀后用小火焖10分钟。
3. 待蔬菜熟透后加入酸奶油，关火加盖焖3~4分钟，然后混合均匀。

One Point Advice

摄取每日所需的蛋白质

在直径24cm的餐盘中装半盘肉类或鱼类，分量约100~150g，含蛋白质20~30g。体重50kg的人每天所需的蛋白质为65g，所以一餐能满足30%~50%的需求。再搭配蛋类、乳制品、豆腐等补充，食材尽量多样化。

青背鱼的鱼油富含EPA，能疏通血管，
青花鱼、鲑鱼等也有同等功效。

生菜混合沙拉

食材（2人份）

绿叶生菜……40g
京水菜……20g
银鱼干……10g
芝麻油……1大勺
盐、胡椒粉……各少许
醋……2小勺

做法

1. 将绿叶生菜切成小片，京水菜切成3~4cm的长度。
2. 在平底锅中放入芝麻油，开小火加热，然后加入银鱼干炒酥。
3. 将炒好的银鱼干连油一起拌到蔬菜里，加入盐、胡椒粉和醋调味。

奶酪烤鸡胸肉

食材（2人份）

鸡胸肉……3块（200g）
盐、胡椒粉……各少许
洋葱……100g
番茄……1个（100g）
腌高菜（切碎）……20g
比萨奶酪……20g

做法

1. 将洋葱切成薄片，将番茄切成5~6mm厚的月牙形。
2. 将鸡胸肉去筋，从中间将其片开，注意不要切断，然后撒上盐和胡椒粉腌制。
3. 将洋葱铺在硅油纸上，放上腌好的鸡胸肉，再盖上番茄、腌高菜和比萨奶酪。
4. 将 3 中的食材放入烤箱中烤7~8分钟，直到奶酪融化。

青花鱼只需用微波炉加热2分钟。
凉拌菜丝加上蛋黄酱更好吃。

含糖量 5.1g　蛋白质含量 1.9g

鸭儿芹凉拌菜丝

食材（2人份）

卷心菜……150g
洋葱……50g
鸭儿芹……20g
盐……2/3小勺
蛋黄酱……2大勺
胡椒粉……少许
樱桃萝卜……2个

做法

1. 将卷心菜切丝，洋葱切成薄片，鸭儿芹切成 4cm 的长度。
2. 将 1 装入碗中，撒上盐稍稍搅拌，并腌制 20 分钟。腌好后用手揉捏至变软，拧去水分。
3. 加入蛋黄酱和胡椒粉，装盘时用樱桃萝卜装饰。

含糖量 1.9g　蛋白质含量 22g

微波炉蒸青花鱼

食材（2人份）

青花鱼……2块（200g）
萝卜……100g
口蘑……50g
百里香（新鲜）……少许
A 盐……少许
百里香（干燥）……少许
牛至（干燥）……少许

做法

1. 将萝卜切成圆形薄片，将口蘑去掉硬蒂对半切开。
2. 将青花鱼用A调料腌制。
3. 将 1 的一半和 1 块青花鱼放入耐热容器中。轻轻盖一层保鲜膜，用微波炉加热 2 分钟。取出容器并将保鲜膜绷紧，再焖 5 分钟。剩下一半做法一样。
4. 装盘，用百里香装饰。

清蒸白肉鱼和只用醋和盐调味的炒蔬菜，清香扑鼻、分量十足。

含糖量 3.4g 蛋白质含量 1.1g

素炒白菜胡萝卜

食材（2人份）

白菜……150g
胡萝卜……30g

A
芝麻油……1大勺
大蒜（切成末）……1/2瓣
红辣椒（切碎）……1个

B
醋……3大勺
盐……少许

做法

1. 将白菜切成小块，胡萝卜切成片状。
2. 将A放入平底锅中，开中火加热，待炒出香味后依次加入胡萝卜、白菜梗，最后放入白菜叶。
3. 炒熟后装盘，加入B。

含糖量 2.6g 蛋白质含量 19g

清蒸鳕鱼

食材（2人份）

鳕鱼（新鲜）……2块（200g）
大葱……1/2根（40g）
生姜……1小块
荷兰豆……80g
芝麻油……1小勺
盐、胡椒粉……各少许

做法

1. 将大葱、生姜切碎，荷兰豆斜切成薄片，鳕鱼切为3~4cm 长的块状。
2. 在平底锅中加入芝麻油，开中火加热，然后放入葱姜碎末，待炒出香味后加入 100ml 热水，煮沸后放入鳕鱼，然后加盖转小火焖 7~8 分钟。
3. 待鱼熟后加入荷兰豆，再加盖焖 1~2 分钟，然后揭盖撒上盐和胡椒粉。

含糖量 4.1g　蛋白质含量 1.3g

醋腌甜椒卷心菜

食材（2人份）

卷心菜……150g
彩椒（红）……1/4个（50g）
盐、胡椒粉……少许
芝麻油……1小勺
醋……2小勺

做法

1. 将卷心菜、彩椒切成小块。
2. 在锅中加水并煮沸，放入卷心菜和菜椒煮 30 秒至 1 分钟，然后用漏勺捞出，沥干水分。
3. 将 2 装入碗中，加入盐、胡椒粉和芝麻油搅拌，最后加醋拌匀。

含糖量 1.4g　蛋白质含量 22g

味噌烤猪里脊

食材（2人份）

猪里脊肉块……200g
盐……少许
大葱……10cm（10g）
味噌……1大勺
柠檬……适量

做法

1. 将猪肉切成 7~8mm 厚的片，撒上盐，稍稍腌制一会儿。
2. 在烤盘内铺一层硅油纸，放上腌好的猪肉，在烤箱中烤 7~8 分钟。
3. 将大葱切碎并放入碗中，然后加入味噌拌匀。
4. 将 3 均匀涂抹到肉上继续烤 3~4 分钟，直至味噌烤至焦黄色。
5. 装盘，用柠檬装饰。

香辛料带来的不同咖喱风味，
用鲑鱼或者比目鱼做也很好吃。

含糖量 4g 蛋白质含量 2.5g

菠菜煮番茄

食材（2人份）

菠菜……150g
洋葱……50g
大蒜……1/2瓣
橄榄油……1/2大勺
番茄罐头（块状）……100g
盐、辣椒粉……各少许

做法

1. 在锅中加水并煮沸，将菠菜根朝下入锅煮约 1 分钟，在变色前迅速捞出放入冷水里，待冷却后沥干水分，切成 2~3cm 长的段。
2. 将洋葱和大蒜切成碎末。
3. 在平底锅中放入橄榄油，开中火加热，放入 2，待熟后放入 1 继续炒匀，最后加入番茄。
4. 煮至收汁，撒上盐和辣椒粉。

含糖量 2.5g 蛋白质含量 22g

咖喱煎鱼

食材（2人份）

旗鱼……2块（200g）
杏鲍菇……100g
芦笋……100g
盐……少许
咖喱粉……1/4小勺
橄榄油……1大勺

做法

1. 将杏鲍菇先对半切开，再切成小块。将芦笋用削皮器刮掉硬皮，切成适当大小。
2. 将旗鱼切成两块，撒上盐和咖喱粉。
3. 在平底锅中放入1/2大勺橄榄油，开中火加热后放入1，快速翻炒一下盛出。
4. 在平底锅中再放1/2大勺橄榄油，加热后并排放入鱼肉，煎至两面成焦黄色。

含糖量 0.5g　蛋白质含量 2.4g

小松菜煮银鱼干

食材（2人份）

小松菜……150g
银鱼干……10g
油（菜籽油或米油）……1小勺
A　热水……100ml
　　盐……少许
　　酱油……1/4小勺

做法

1. 在锅中加水煮沸，将小松菜根部朝下放入锅中煮30秒至1分钟，然后迅速捞出放入冷水中，待冷却后沥干水分，并切成2~3cm的长度。
2. 在平底锅中加入油，放入银鱼干用中火翻炒，待炒酥后加入1继续炒匀，最后加入A，煮2~3分钟后关火。

含糖量 3.7g　蛋白质含量 21g

梅干煮青箭鱼

食材（2人份）

青箭鱼……2块（200g）
梅干……2颗（30g）
大葱……1/2根
切片裙带菜（干燥）……2g
海带汤……150ml
酱油……2~3滴

做法

1. 将大葱斜切成薄片，并将裙带菜用足量清水泡发，梅干用竹签串起来。
2. 在锅中加入海带汤和梅干，开中火煮沸后放入青箭鱼，加盖再煮7~8分钟，然后放入大葱和裙带菜继续煮，待食材熟透后放入酱油。

用储备的罐头和鸡蛋就能炒出一盘好菜，非常适合忙碌的日子。

含糖量 4.8g　蛋白质含量 3.2g

荷兰豆酸奶沙拉

食材（2人份）

荷兰豆……150g
原味酸奶 ……100g
橄榄油……1大勺
盐……少许
柠檬汁……1小勺
胡椒粉、辣椒粉 ……各少许

做法

1. 将酸奶倒入铺了厨房纸的漏勺中，沥水 20 分钟。
2. 将荷兰豆两端掐掉，切成 3cm 左右的长度。放入开水中煮 3~4 分钟，然后沥干水分。
3. 在平底锅中倒入橄榄油，开中火加热，倒入 2 翻炒。待炒好后，撒入盐，然后自然冷却。
4. 将 1 和 3 倒入碗中，加入柠檬汁、胡椒粉，搅拌均匀。盛入器皿后，再撒上辣椒粉即可。

含糖量 4.9g　蛋白质含量 20g

沙丁鱼番茄炒蛋

食材（2人份）

油浸沙丁鱼罐头
……1罐（100g）
大蒜……2瓣
番茄……200g
鸡蛋……3个
盐……少许
橄榄油……1大勺
欧芹（切碎）……少许

做法

1. 将大蒜切碎，番茄切成小块，并将鸡蛋打散。
2. 在平底锅中放入橄榄油，开中火翻炒大蒜，然后加入番茄继续炒。待番茄开始变软后放入沙丁鱼，边炒边用勺子将鱼分成大块。
3. 加入打好的蛋液，不断翻炒，根据个人喜好控制火候。
4. 最后放盐，可根据个人喜好搭配生菜叶装盘，并撒上碎欧芹。

鸡肉末和鹌鹑蛋的高蛋白肉卷，
照着食谱就能做。

含糖量 3.6g　蛋白质含量 1g

芜菁黄瓜沙拉

食材（2人份）

芜菁……3棵（150g）
黄瓜……1根（100g）
盐……少许
橄榄油……2小勺
醋……1小勺

做法

1. 将芜菁去掉叶片，切成 5~6mm 厚的半圆形。将黄瓜去皮，斜切为 5~6mm 厚的片状。
2. 将 1 放入碗中，撒盐腌制 20~30 分钟。腌好后用手揉搓，待变软后拧干水分。
3. 淋上橄榄油和醋。

含糖量 2.1g　蛋白质含量 21g

高蛋白鸡肉卷

食材（2人份）

鸡肉末……200g
洋葱……50g
盐……1/4小勺
胡椒粉……少许
鹌鹑蛋（水煮）……6个
夹心橄榄……6颗

做法

1. 将洋葱切碎。
2. 将肉末、洋葱粒、盐、胡椒粉放入碗中搅拌均匀，再加入鹌鹑蛋和橄榄一起充分拌匀。
3. 剪一大张保鲜膜并铺开，把 2 放到保鲜膜中央，揉成 10cm 长的圆柱体，包上保鲜膜塑型。
4. 用微波炉加热 5~6 分钟，然后取出静置 4~5 分钟，散热后去掉保鲜膜。
5. 切成适当大小，随意铺些绿叶生菜装盘，如果有小番茄也可以放进去。

减糖饮食
style

2

不会做饭也没问题

汤锅轻松吃到饱

如果不会做复杂的菜式，那就做汤锅类吧，只需放入食材煮熟就行。选择富含蛋白质的食材（肉类、海鲜、大豆制品）+ 蔬菜。煮熟的蔬菜体积减小，能摄入更多。丰富的食材和汤汁绝对管饱。

汤锅的要点

1. 含有丰富的肉类、海鲜、大豆制品和蔬菜。
2. 连汤一起喝，毫无浪费还管饱。
3. 调味时要注意，不能使用甜味调料。

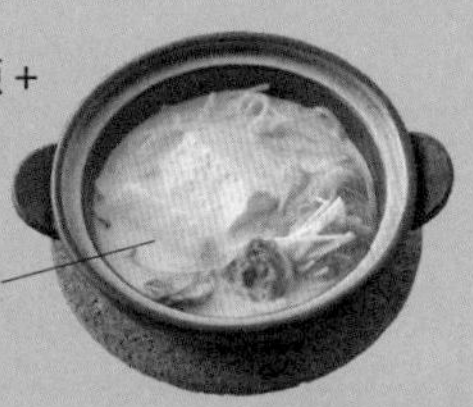

豆腐蔬菜豆浆汤锅

食材（2人份）

北豆腐……1块(300g)
豆芽……150g
胡萝卜……100g
京水菜……100g
高汤……200ml
豆浆(无添加)……300ml
盐……少许

做法

1. 将豆芽根掐掉。如果有切丝器，可以把胡萝卜切成丝。京水菜切为 7~8cm 的长度。
2. 将豆腐切成大块下锅，加入高汤，开中火煮沸后放入豆芽、胡萝卜，加盖再煮 2~3 分钟。
3. 待蔬菜熟透后倒入豆浆，煮沸后放入京水菜，待煮开后再加入盐调味。

One Point Advice

一次满足每日所需的350g 蔬菜量

我们每天应该摄入350g蔬菜，选择含有大量蔬菜的汤锅就很容易达到目标。多吃绿、红、白、黄等各种颜色的蔬菜，因为蔬菜的色素具有疏通血管和抗氧化的功效，富含对健康有益的成分。

如果没有肉类和鱼类，
可以通过豆腐、豆浆补充蛋白质。

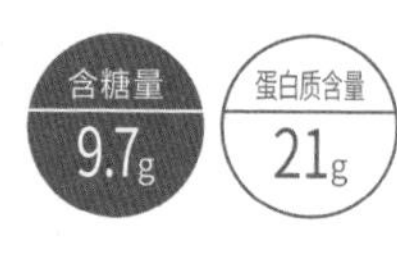

鸡肉丸雪见锅

食材（2人份）

鸡肉末……200g

大葱……20g

A 生姜泥……1小勺

盐……1/4小勺

白菜……300g

西蓝花……50g

萝卜……400g

高汤……300ml

盐……少许

做法

1. 将大葱剁碎，白菜切成小块，西蓝花分成小朵。
2. 将萝卜擦成泥，放入漏勺中将水沥干。
3. 在肉末中加入碎葱和A。
4. 在锅中加入高汤，开中火煮沸，然后用勺子把 3 整成丸子状，并放入汤锅，加盖煮 2~3 分钟。
5. 待鸡肉丸表面变色后加入白菜，加盖煮 15 分钟直到白菜熟透。撒入盐调味，最后加入西蓝花和萝卜泥，煮开后再多煮 2 分钟。

One Point Advice

推荐用盐调味，再加入香料。

最好的调味品就是盐。加盐不会破坏食材本身的味道，所以不同食材味道也不一样，让人百吃不厌。再加入柚子胡椒[①]、七味粉[②]等增加鲜味，更是其乐无穷。

注：①柚子胡椒不是胡椒，是用柚子和朝天辣椒等制作而成的一种特有调味品。

②由辣椒和其他六种不同的香辛料配制而成的辣椒粉。

松软的鸡肉丸配上
丰富的萝卜泥一起食用。

意大利风味，红金眼鲷可以换成鳕鱼或者鲷鱼。

含糖量 5.5g　蛋白质含量 24g

红金眼鲷西式汤锅

食材（2人份）

红金眼鲷……2块（200g）
番茄……150g
生菜……1/2棵（150g）
芦笋……50g
A　大蒜（切成末）……1瓣
　　红辣椒（剁碎）……1根
　　橄榄油……1大勺
油浸鳀鱼（鱼片）……2片
盐……少许

做法

1. 将番茄、生菜切成大块。用削皮器刮掉芦笋根部的硬皮，切成 6~7cm 的长度。
2. 在锅中加入 A，开中火加热，待炒香后依次放入鱼肉、番茄、油浸鳀鱼和 200ml 热水，然后加盖煮 10 分钟。
3. 待鱼肉熟透、番茄煮烂后加盐调味，最后放入生菜和芦笋煮开。

可以均衡摄取动物蛋白
和植物蛋白的汤锅。

含糖量 11g　蛋白质含量 30g

猪肉片油豆腐味噌汤锅

食材（2人份）

猪肉片……200g
油豆腐……1块
高汤……400ml
味噌……2大勺
金针菇……1袋（100g）
大葱……2根（160g）
茼蒿……200g

做法

1. 先用开水把油豆腐多余的油煮掉，拧去水分后切成小块。
2. 将金针菇根部切掉，大葱斜切为 5mm 厚的片，茼蒿摘下叶片。
3. 在锅中加入高汤，开中火煮沸，加入味噌，然后放入猪肉片，煮 1~2 分钟至熟透。
4. 去掉浮沫，加油豆腐煮 3~4 分钟，再放入金针菇和大葱，待熟透后加茼蒿至煮沸。

奶油炖菜风格的汤锅，
加入了蘑菇和花椰菜。

鸡腿肉奶油汤锅

食材（2人份）

带骨鸡腿肉……2只（400g）
盐……1/3小勺
胡椒粉……少许
花椰菜……250g
口蘑……100g
橄榄油……1大勺
A | 生奶油……200ml
  | 月桂叶……1片
  | 百里香（新鲜）……少许
豆瓣菜……适量

做法

1. 将鸡腿肉从关节处对半切开，撒入盐和胡椒粉揉搓腌制。
2. 将花椰菜分小朵，口蘑去掉硬蒂。
3. 在锅中放入橄榄油，开中火加热，放入腌好的鸡腿肉，煎至焦黄色后加入花椰菜和口蘑，炒匀后放入A，加盖转小火煮 20~25 分钟。
4. 加入切碎的豆瓣菜，再稍煮一下。

※如果没有带骨的鸡腿肉，可以用剔过骨的代替，选2块偏小的，切成适当大小。

鱼露是十分鲜美又低糖的调味品，可以放心使用。

含糖量 8.1g　蛋白质含量 25g

越式牛肉汤锅

食材（2人份）

牛肉片……200g
豆芽……200g
彩椒（红）……1/2个（100g）
韭菜……1把（100g）
高汤……400ml
大蒜（切成末）……1瓣
鱼露……1大勺
低糖乌冬面（煮熟）……100g
红辣椒（切成碎末）……少许
青柠（切成月牙形）……少许
花生……7~8粒（18g）

做法

1. 将豆芽去根，彩椒切成细条，韭菜切成 5~6cm 的段。
2. 在锅中加入高汤和大蒜，开中火煮沸后加鱼露。然后放入牛肉，待煮熟后去掉浮沫。再放入 1 的蔬菜煮软。
3. 放入乌冬面，撒上红辣椒碎末。最后放入青柠和花生。

鱼烤过之后再煮就没有腥味，
很适合搭配甘甜的白菜。

白菜榨菜鰤鱼汤锅

食材（2人份）

鰤鱼……2块（200g）
白菜……1/4棵（300g）
A | 热水……400ml
浓汤宝（鸡汤味）……1/2块
清酒……50ml
榨菜……50g
生姜（切片）……3片
盐、胡椒粉……各少许

做法

1. 将鰤鱼切成小块，在烧烤架上（或者烤箱中）烤 7~8 分钟至焦黄。
2. 将白菜切成大块。
3. 将A倒入锅中，开火加热，放入白菜煮至熟透。
4. 加入盐和胡椒粉调味，最后加入鱼肉煮开。

猪肉、大蒜和韭菜组合，
能有效消除疲劳。

卷心菜猪肉锅

食材（2人份）

猪五花肉片……300g
卷心菜……1/4棵
韭菜……1/2把
大蒜（切成片）……1瓣
红辣椒……2个
A | 高汤……400ml
清酒、胡椒粉、味啉……各2大勺
盐……1/4小勺
蒜泥……1/2小勺
炒白芝麻……1/2大勺

做法

1. 将卷心菜切成小块，韭菜切成 4cm 的段，将红辣椒去籽切成圈，猪肉切成小片。
2. 将A倒入锅中，开火加热，待煮沸后放入猪肉，煮熟后去浮沫。
3. 先加入大蒜片，再加入蒜泥。将卷心菜堆叠下锅，然后依次铺上韭菜、红辣椒，最后撒上白芝麻。待煮好后盛到碗中即可享用。

减糖饮食 style 3

适合喜欢喝酒的朋友

各具风味的下酒小菜

想不想摆上各色喜欢的小菜，在家享受小酒馆的乐趣？如果你喜欢喝酒或者喜欢做菜，采用这种方式就很容易坚持下去。减糖时也能喝的基本都是蒸馏酒（威士忌或烧酒）（详见 P40）。

小菜的要点

1. 菜的分量少、种类多。
2. 要喝酒的话，选择蒸馏酒。
3. 避免额外的米饭或面食。

就着威士忌或烧酒，
来几碟小菜。

不吃米饭

选择蒸馏酒

迷你豆腐饼开胃小菜

食材（2人份）

炸豆腐饼……2块（60g）
橄榄油……1/2小勺
番茄……1个（小）
马苏里拉奶酪……30g
油浸鳀鱼（鱼片）……1片
夹心橄榄……2颗
欧芹……少许

做法

1. 将炸豆腐饼先水煮去油，用漏勺沥干水分，然后横向对半切开，并在切口处抹上橄榄油，再放入烤箱烤 4~5 分钟。
2. 将番茄、奶酪切成 5~6mm 厚的片，将鳀鱼片切成 4 等份，夹心橄榄对半切开。
3. 依次把番茄、奶酪和鳀鱼片盖在豆腐饼上，放入烤箱再烤 2~3 分钟。
4. 插上牙签，再放上夹心橄榄。最后装盘，用欧芹装饰。

金枪鱼蘸酱配水煮蛋

食材（2人份）

水煮蛋……2个
金枪鱼罐头（油浸）……1小罐（55g）
A | 奶油奶酪……50g
　| 盐、胡椒粉、百里香……各少许
　| 洋葱（切碎）……1大勺

做法

1. 将金枪鱼去油放入碗中。
2. 加入A，充分搅拌。
3. 将水煮蛋剥壳切成两半，盛入盘中并加入 2。

丰富的蛋白质还可以防宿醉。

咸鲜的鱼露是风味独特的低糖调味品。
如果吃不惯，可以用酱油代替。

含糖量 2.4g　蛋白质含量 15g

特色猪肉拌蔬菜

食材（2人份）

猪肉片……150g
萝卜……50g
胡萝卜……20g
A 蒜末……1/4小勺
红辣椒（切碎）……少许
鱼露……1小勺
醋……1小勺
黄瓜……1/3根（30g）

做法

1. 将萝卜、胡萝卜切成丝放入碗中，加入A，并搅拌均匀，然后腌制15~20分钟。
2. 在锅中加热水煮开，并将猪肉片依次放入锅中，然后用筷子把肉片分开。待煮至沸腾后把水倒掉，趁热加入腌好的萝卜丝。
3. 装盘，配上斜切的黄瓜片。

推荐搭配

夹在低糖面包中的

泰式三明治·越式法包

把低糖面包切开，夹上绿叶生菜和左边的“特色猪肉拌蔬菜”。

蛋黄酱烤翅煮生菜

食材（2人份）

鸡翅……6只
生菜……1/2小颗
盐、胡椒粉……各少许
大蒜……1/2瓣
生姜……1/2块
蛋黄酱……2大勺

做法

1. 先用盐和生姜腌制鸡翅，腌制 10 分钟后用厨房纸吸去水分。
2. 将生菜去芯，切成大块。将大蒜捣碎，生姜切片。
3. 在平底锅中放入 1/2 大勺蛋黄酱，然后并排放入鸡翅，煎 10 分钟至两面焦黄。
4. 加入大蒜、生姜和 100ml 水，加盖煮 6~8 分钟。
5. 加入生菜，待煮熟后关火，再放入剩下的蛋黄酱。

鸡翅是备受欢迎的小菜，
味道浓郁的蛋黄酱正适合在减糖期食用。

如果奶酪变硬了，
就放入烤箱再烤一下！

烤卡芒贝尔奶酪

食材（2人份）

卡芒贝尔奶酪……1块
豆瓣酱……1小勺
蔬菜（西洋芹、黄瓜、胡萝卜等）……适量

做法

1. 将奶酪底部用铝箔纸包好，放入烤箱烤4~5分钟。用小刀切去奶酪面上的硬皮。
2. 将蔬菜切成条状。
3. 在1上涂上豆瓣酱，用蔬菜或者阿拉棒[①]蘸着吃。

注：①一种意大利式硬面棒。

裹上核桃和欧芹当面衣，煎得又酥又脆。

含糖量 1.2g　蛋白质含量 17g

核桃烤竹荚鱼

食材（2人份）

竹荚鱼（去骨鱼片）……3片（鱼片净重150g）
盐、胡椒粉……各少许
核桃……15g
A | 蒜末……1/4小勺
　| 欧芹（切碎）……2大勺
　| 莳萝[①]（若没有，可选其他代替）……少许
西葫芦……40g
橄榄油……2大勺

做法

1. 将核桃捣碎后放入碗中，加入A并搅拌均匀。
2. 将竹荚鱼对半片开，撒上盐和胡椒粉，然后将双面裹上核桃面衣。
3. 将西葫芦切成 7~8mm 厚的圆片。
4. 在平底锅中放入橄榄油，开中火加热，并排放上鱼和西葫芦，每面煎 1~2 分钟至焦黄。

注：①茴香的一种，是一种香料。

蛋白质含量 31g

豆腐鲣鱼刺身沙拉

食材（2人份）

南豆腐……1/2块
拍松的鲣鱼（切片）……200g
番茄……2个（小）
生菜……2片
洋葱……1/2颗（100g）
大蒜（切碎）……1瓣
盐……少许
橄榄油……2大勺
A 盐……1/2小勺
胡椒粉……少许
酱油……1大勺
柠檬汁……1/2颗份

做法

1. 将豆腐沥干水分，切成适当大小。将番茄切成月牙形，并将生菜撕碎。然后将洋葱切成薄片后撒上盐，腌制 10 分钟后清洗拧干。
2. 在平底锅中放入橄榄油，并放入蒜末，开小火炒至变色后捞出。
3. 把 A 和 2 中的橄榄油倒入碗中进行搅拌。
4. 将豆腐和鲣鱼装盘，配以蔬菜并撒上 2 的蒜末，再淋上 3 的调味汁。

点缀上炒过的蒜粒，用带蒜香的油当调味汁。

大葱盐汁可以多做一些，烤肉烤鱼都能用。

大葱盐烤鸡肉

食材（2人份）

鸡腿肉……1块（250g）
A 盐……1/2小勺
胡椒粉……少许
B 蒜泥……1/4小勺
盐……1/4小勺
大葱……1/2根（50g）
橄榄油……2大勺
卷心菜（撕碎）……1~2片
柠檬（切成月牙形）……1/4颗

做法

1. 将 A 加入鸡肉中并揉捏，腌制 20 分钟。大葱切碎。
2. 将葱末和 B 一起放入碗中，倒入加热后的橄榄油，搅拌至冷却。
3. 用烧烤架（或者烤箱）强档烤制鸡肉，双面约烤 8~10 分钟，可以包上铝箔纸防止烤煳。烤好后取出放置 2 分钟左右。
4. 将鸡肉切块装盘，淋上 2 的调味汁，配上卷心菜和柠檬。

卷心菜猪肉炒纳豆

食材(2人份)

卷心菜……2大片
猪肉丝……200g
A 清酒……2小勺
酱油……1小勺
纳豆……1盒(40g)
色拉油……2小勺
B 酱油……2小勺
清酒……1大勺
盐……少许
生姜泥……2小勺

做法

1. 先用A腌制猪肉，将卷心菜切成小块。将纳豆搅拌到散开，根据个人喜好添加调味汁和芥末。
2. 在平底锅中放入色拉油，开火加热，放入猪肉丝，炒至变色后加入卷心菜，等熟透后再加入纳豆继续炒一会。
3. 加入 B 调味，充分翻炒后加入姜末再炒一会。

白肉鱼卡帕奇欧

食材（2人份）

白肉鱼刺身（扁口鱼等）……1条（100g）
彩椒（红）……1/4个
芝麻菜……30g
柠檬……1/4粒
盐…… 小勺
黑胡椒粗粒……少许
橄榄油……1大勺

做法

1. 将彩椒切碎，芝麻菜切小片。
2. 将白肉鱼切成片，越薄越好。然后装盘，并撒上盐、黑胡椒粗粒和彩椒粒，放入芝麻菜，均匀淋上橄榄油。准备好新鲜的柠檬块，吃的时候挤上柠檬汁。

蒜香口蘑大虾

食材（2人份）

口蘑……8个
大虾……2只
蒜末……1小勺
墨西哥辣椒粉……1/4小勺
盐、胡椒粉……各少许
橄榄油……适量

做法

1. 将口蘑去掉硬蒂。将大虾去除虾线，剥壳去头。
2. 准备一个陶制容器或者小平底锅，放入蒜末，多倒些橄榄油。开火后加入口蘑、虾、辣椒粉、盐和胡椒粉，开中火浸在油里煮。如果有欧芹碎末，可以在口蘑熟透后撒一些，趁热吃。

炸豆腐块要用北豆腐，
把鱿鱼换成大虾也很好吃。

含糖量 4.5g

蛋白质含量 19g

鱿鱼苦瓜炒炸豆腐块

食材（2人份）

炸豆腐块……1块
鱿鱼……1/2条
大葱……1/4根
苦瓜……1/2根
A 清酒……2大勺
　蚝油……3/2大勺
色拉油……1小勺

做法

1. 将炸豆腐块切成适当大小（也可用小豆泡代替）并放进漏勺，用开水冲掉油。
2. 将鱿鱼的身体和触角分开，去掉软骨、眼睛和嘴等部分，切成 1cm 宽的圆环，将触角连着内脏的部分去掉，每两根切开。
3. 将大葱斜切成薄片。然后将苦瓜对半剖开，去籽去瓤，斜切成薄片。
4. 在平底锅中放入色拉油加热，将鱿鱼用大火炒 1 分钟，变色后加入 1 和 3，再炒 1~2 分钟。然后均匀淋上 A，翻炒至收汁。最后装盘。

柚子胡椒腌金枪鱼

食材（2人份）

金枪鱼刺身（大块）……100g

A | 橄榄油、酱油、清酒……各1大勺
味啉……1/2大勺
柚子胡椒……1/3小勺

萝卜芽、嫩叶菜……各适量

柚子胡椒……适量

做法

1. 将金枪鱼切成小片，把A倒入方盘（或者大碗）中，放入金枪鱼，盖上保鲜膜放入冰箱冷藏10~20分钟。
2. 将萝卜芽切去根部，切成两段，和嫩叶菜一起焯水沥干。
3. 用蔬菜装盘铺底，再放上腌好的金枪鱼刺身，配上柚子胡椒即可享用。

奶酪芥末拌油豆腐甜豌豆

食材（2人份）

油豆腐……2片

甜豌豆……12根

奶油奶酪……70g

酱油……1小勺

盐……少许

A | 高汤（鲣鱼）……3大勺
酱油……2小勺
芥末粉……1/2小勺

做法

1. 将甜豌豆去筋，用盐水煮开后沥干。将奶油奶酪切为1cm宽、3cm长的条形。
2. 将油豆腐放在烧烤架上（或者烤箱中）烤，中途将两面分别抹两次酱油，烤至焦黄色。趁热切成15等份。
3. 将A装入碗中，再加入上面所有食材拌匀。

章鱼含有提升肝功能的牛磺酸，
毛豆中富含植物性蛋白。

含糖量 3.9g
蛋白质含量 21g

橄榄油炒章鱼毛豆

食材（2人份）

水煮章鱼脚……15g
西洋芹……1大棵（150g）
西洋芹菜叶……2~3片
大蒜（切成末）……2片
毛豆……160g（煮熟去皮后80g）
盐……少许
黑胡椒粗粒……少许
A 白葡萄酒或清酒……1大勺
　酱油……少许
橄榄油……1大勺

做法

1. 将章鱼脚擦干后斜切成 1cm 厚的小块。将芹菜去筋，纵向对半剖开后切成 1cm 的长条，将芹菜叶切成 1.5cm 宽的大小。
2. 在平底锅中加入橄榄油，放入蒜末，开火加热，待油热后加入毛豆快速翻炒，再加入芹菜炒 1 分钟左右，然后撒上盐和胡椒粉。
3. 放入章鱼，再加入芹菜叶翻炒，最后淋上 A，稍微翻炒后起锅。

明太子豆腐比萨

食材（2人份）

北豆腐……1块
芥末明太子……1/2条
切片奶酪（可融式）……2片
绿紫苏……4片
盐、胡椒粉……各少许
蒜泥……1/2小勺
柚子醋酱油……2大勺
色拉油……1大勺

做法

1. 将豆腐用厨房纸裹住吸去水后切成 4 等份，撒上盐和胡椒粉，并抹上蒜泥。
2. 在平底锅中倒入色拉油，待油热后放入豆腐块。煎至金黄后翻面，涂上捣散的芥末明太子，盖上绿紫苏和对半切开的奶酪片。待奶酪融化后装盘，淋上柚子醋酱油。

咖喱豆芽猪肉

食材（2人份）

豆芽……200g
猪肉片……100g

A
醋……2大勺
盐……1/2小勺
色拉油……1大勺
咖喱粉……1/2小勺

做法

1. 将A倒入碗中，并用打蛋器搅拌，制作咖喱酱。
2. 在锅中盛水煮沸，然后放入豆芽煮 10 秒，再用漏勺捞出。
3. 不用换水，转小火并在锅中放入猪肉，煮至肉变色后捞起沥水。
4. 在豆芽和猪肉中加入咖喱酱搅拌均匀。

把竹荚鱼肉片
像海苔寿司卷一样卷起来。

含糖量 2.2g　蛋白质含量 15g

竹荚鱼寿司卷

食材（2人份）

竹荚鱼（寿司用鱼片）……2条
绿紫苏……6片
生姜……1/2块
小葱……3根
黄瓜……1根
烤海苔（整张）……1片

盐……1/3小勺
醋……1大勺
A｜醋、酱油……各1/2大勺

做法

1. 在竹荚鱼上撒盐腌制30分钟，双面蘸醋。
2. 将生姜切成丝，小葱切成3等份。将黄瓜从中间切断后擦丝。
3. 摊开保鲜膜并铺上海苔，然后并排放入绿紫苏。将鱼片带皮一面朝下，交错排列，铺上生姜和小葱。连同保鲜膜一起，像卷寿司一样卷起来，包上保鲜膜放置5分钟。
4. 切成1.5cm宽并装盘，配上黄瓜丝。将调好的A放在一边，蘸着吃。

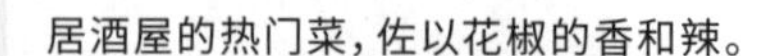
居酒屋的热门菜，佐以花椒的香和辣。

含糖量 0.7g　蛋白质含量 16g

花椒烤鸡翅

食材（2人份）

鸡翅……6只（300g）
A｜清酒……1/2大勺
　｜盐、花椒粉……各1/2大勺
　｜橄榄油……1/2小勺
生菜……适量

做法

1. 在鸡翅内侧（较薄一侧）沿骨头切两刀，外侧也切几个口。
2. 加入A揉搓入味，放到烧烤架上（或者烤箱中）烤8~10分钟至焦黄色。
3. 装盘，配上切好的生菜。

含糖量 3.3g　蛋白质含量 17g

金枪鱼蘸酱

食材（2人份）

金枪鱼罐头……1罐（170g）
生奶油……5大勺
盐……1/2小勺
柠檬汁…2小勺
洋葱（切碎）……1/4颗（50g）
黄油……2小勺
生姜……1/2小勺
黑胡椒粗粒……适量

做法

1. 将金枪鱼放入大碗中捣散，加入2勺生奶油搅拌，再加盐和柠檬汁继续搅拌。
2. 将洋葱粒和拌好的鱼肉装进小号的耐热容器中并铺平，加盖用微波炉加热1分半钟左右。加入剩下的生奶油、黄油和酱油搅拌，静置等热气散去。
3. 撒上黑胡椒粗粒，可根据个人喜好，用蔬菜条蘸着吃。

含糖量 11g　蛋白质含量 12g

猪肉片莲藕沙拉

食材（2人份）

猪里脊肉片……100g
莲藕……150g
绿紫苏……10片
生姜皮……适量
葱绿……适量
A　酱油……1大勺
　醋……1大勺
　色拉油……2大勺

做法

1. 将莲藕用切片器切成圆形薄片，清洗后沥水。将绿紫苏对半切开后再切成3等份。
2. 烧一锅热水，放入藕片煮至透明，捞进冷水冷却后沥干水分。藕汤不要倒掉。
3. 藕汤加生姜皮、葱绿煮至沸腾，然后加入2~3片猪肉，煮至变色后捞出冷却。剩下的用同样方式制作。
4. 将煮好的藕片、肉片和绿紫苏拌匀装盘，最后淋上A。

把肉和蔬菜铺在豆腐上蒸，
简单又好吃。

含糖量 7.3g　蛋白质含量 19g

辣白菜肉丝蒸豆腐

食材（2人份）

南豆腐……1块（300g）
猪肉丝……100g
A | 盐……少许
　| 清酒……1大勺
　| 淀粉……1小勺
小松菜……2棵
辣白菜……40g
B | 芝麻油……1小勺
　| 柚子醋酱油……2大勺

做法

1. 将小松菜去根，下端深切几刀后清洗，切成 4cm 长的小段。将豆腐对半切开后分成5等份，排放在平底锅里。将猪肉裹好A后铺到豆腐上。
2. 加入 100ml 水，加盖开中火。蒸 4 分钟，待水煮沸后放入小松菜，加盖再煮约 3 分钟。
3. 收汁后装盘，撒上切好的 1cm 宽的辣白菜，淋上搅拌好的 B 即可。

牛油果含糖量低，而且富含能疏通血管、暖和身体的维生素E。

含糖量 1.9g　蛋白质含量 21g

牛油果梅干拌鲣鱼

食材（2人份）

鲣鱼刺身……150g
牛油果……1/2个
梅干肉……1小勺
酱油……1/2大勺
味啉……1/2小勺
寿司海苔（整张）……2片

做法

1. 将鲣鱼切成 7~8mm 厚的片，蘸上酱油。
2. 将牛油果去掉种子和皮，用叉子捣碎，然后加入梅干肉拌匀。
3. 在鲣鱼上加入 2，再撒上撕成小块的海苔拌一拌。

高热量的蛋黄酱其实含糖量很低。

含糖量 1.5g　蛋白质含量 19g

酱油蛋黄酱炒鱿鱼西蓝花

食材（2人份）

鱿鱼……1条
西蓝花……1/2棵
色拉油……1/2大勺
清酒……1大勺
A 酱油……1/2大勺
　蛋黄酱……2大勺

做法

1. 将鱿鱼去掉内脏和软骨，触角和身体分开。然后去掉硬吸盘和嘴等部分，每隔 2~3 根鱿鱼须切开，偏长的对半切断。身体部分切成 7~8mm 宽的鱿鱼圈。
2. 将西蓝花分小朵，偏大的对半切开。去掉茎的厚皮，切成长方块。
3. 在平底锅中倒入色拉油加热，放入西蓝花炒约 1 分钟。然后倒入清酒，炒至鲜绿色后加入鱿鱼。待鱿鱼变白后淋上混合好的A，翻炒一下关火。

减糖饮食
style
4

给家常菜减糖

在经典菜式的味道和食材上花心思

给家常菜换换调料，用含糖量低的食材代替高糖的，就能做到减糖。比如说使用白砂糖、味啉和酱油的日餐，改成只用盐调味。别担心味道不够，这样反而能吃出食材本身的味道，让人更满足。

换调料或者食材的要点

① 避免甜味。
② 原则上只用盐和胡椒粉。
③ 选择含糖量低的食材。

牛肉豆皮煮小番茄

食材（2人份）

牛肉片……200g
油豆皮（干燥）……2片（5g）
小番茄……6个（90g）
小葱……1/2把（50g）
A 高汤（海带）……100ml
  酱油……1大勺

做法

1. 将油豆皮用足量清水泡发后沥水，切成小块。将小番茄去蒂，并将小葱切成 4cm 长的段。
2. 将A倒入锅中，开中火加热，煮开后加入牛肉，待煮至变色捞起装进容器。
3. 撇去浮沫，加入油豆皮、小番茄和小葱，煮熟后和牛肉盛到一起。

One Point Advice

替换食材 实现低糖饮食

接下来还将介绍替换食材实现减糖的技巧，比如用豆腐代替奶油沙司中的面粉，用鲑鱼代替比萨的饼胚，适合想和平时一样尝遍美食的朋友。

不加味啉和白砂糖，靠番茄的甜来调味。

不加甜味，只用盐简单调味，
全靠海带的鲜味。

含糖量 3.1g　蛋白质含量 15g

盐煮海带排骨

食材（2人份）

猪排骨（4~5cm长）……6块（300g）
海带（20cm长）……4片
盐……适量
鸭儿芹……少量

做法

1. 将海带用水泡发，在完全泡发前捞起来打上结。
2. 在排骨中放入 1/3 小勺盐，腌制 30 分钟。
3. 在锅中加入 400ml 水，开中火加热，待水煮沸后加入海带和排骨。再次煮开后撇去浮沫，转小火加盖慢煮 30~40 分钟，直到肉和海带变软。
4. 加少许盐调味，连汤一起盛起来，最后用鸭儿芹装饰。

不用日式口味的酱油味啉，
用番茄和鱼露调味。

含糖量 5.1g　蛋白质含量 15g

番茄煮炸豆腐块

食材（2人份）

炸豆腐块……1块（250g）
洋葱……50g
大蒜（切成末）……1/2瓣
红辣椒（切碎）……1根
橄榄油……1/2大勺
A　番茄罐头（块状）……150g
　　水……100ml
　　鱼露……2小勺
香菜……少许

做法

1. 将炸豆腐块用热水烫一下，沥干水后切成 3cm 的方块。将洋葱切碎。
2. 在平底锅中放入橄榄油、红辣椒和蒜末，开中火加热，待炒香后加入洋葱，继续用中火炒。
3. 炒熟后加入A，待水煮沸后放入炸豆腐块，再次煮开后继续煮 7~8 分钟。
4. 连同汤汁一起出锅，点缀上香菜。

低糖版肉末豆腐

食材（2人份）

北豆腐……300g

猪肉末……100g

韭菜……5根

A | 大蒜（切成末）……1/4小勺
  | 花椒（粒）……1/2小勺
  | 菜籽油或芝麻油……1/2大勺

盐……1/4小勺

做法

1. 将韭菜切成小段。
2. 在平底锅中加入A，开中火炒香后加入肉末，待炒散后加入 100ml 热水和盐。
3. 放入豆腐，并用锅铲将豆腐切成 1.5cm 的小方块。待煮开后继续煮 2~3 分钟，然后放入韭菜再煮一下。

※ 如果没有花椒粒，可以在出锅前撒些花椒粉。

含糖量 3.3g　蛋白质含量 15g

盐炒青椒肉丝

食材（2人份）

牛肉片……150g
青椒……4个（80g）
彩椒（红）……1/4个（50g）
大葱……1/2根
大蒜（切成末）……1/2瓣
芝麻油……1/2大勺
盐……1/4小勺

做法

1. 将青椒和红椒去蒂去籽，切成细丝。将大葱对半切开后斜切成 5mm 的片。
2. 在平底锅中加入蒜末和芝麻油，用中火炒香后加入牛肉。
3. 待肉炒熟后撒上盐，放入 1 翻炒均匀。

香草烤秋刀鱼

食材（2人份）

秋刀鱼……2条
盐、胡椒粉……各少许
茄子……1根
杏鲍菇……2朵
白葡萄酒……1大勺
橄榄油……1大勺
百里香、牛至……各少许
柠檬（切成月牙形）……适量
黑胡椒粗粒……少许
百里香（新鲜）……少许

做法

1. 将茄子去蒂对半切开，并在表皮上划 5mm 长的切口。将杏鲍菇对半切开。
2. 将秋刀鱼切成两段并撒上盐和胡椒粉，待平底锅中的橄榄油烧热后并排放入锅中，煎至表面焦香。
3. 剪两大张铝箔纸铺平，各放一半的 1 和 2。淋上 1/2 大勺白葡萄酒、百里香和牛至，包好铝箔纸放入烤箱，调至 220°C烤 12~13 分钟。
4. 打开铝箔纸撒上黑胡椒粗粒，装饰上新鲜的百里香和柠檬。

日式烤青花鱼

食材（2人份）

青花鱼……2块
绿紫苏……5片
生姜……1/2小块
野姜……1个
盐……1/2小勺
酱油、醋……各1大勺

做法

1. 在青花鱼上撒上盐，腌制 10 分钟。
2. 将绿紫苏、生姜、野姜切成丝，用酱油和醋拌匀。
3. 将青花鱼用烧烤架（或者烤箱）烤约 10 分钟，至两面焦黄。装盘淋上 2。

盐煮白肉鱼

食材（2人份）

白肉鱼（鲈鱼、鲷鱼等）……2块
秋葵……4根
小番茄……4个
盐……少许
A | 清酒、味啉……各2大勺
盐……小勺
生姜（切成薄片）……4片

做法

1. 把秋葵顶端的一圈硬皮削去，抹上盐在开水里烫一烫，捞起沥水冷却后斜切成两半。将小番茄去蒂，用热水焯一下，然后放入冷水去皮。
2. 在锅中加入 200ml 水，待沸腾后加入A，待煮开后加入白肉鱼。再次沸腾后加盖转小火继续煮约 10 分钟，然后放入秋葵和番茄再稍煮一会。

萝卜烧鲕鱼

食材（2人份）

萝卜…… 1/3根（400g）
鲕鱼……2块
鸡精……1/2小勺
A | 清酒……2大勺
盐……1/2小勺
黑胡椒粗粒……少许
橄榄油……1大勺

做法

1. 将萝卜切成任意小块，并将鱼切成 3 等份。
2. 在平底锅中放入 1/2 大勺橄榄油加热，将鲕鱼两面煎至焦黄后盛出。
3. 在平底锅中放入 1/2 大勺油加热，放入萝卜充分翻炒。然后加 50~60ml 水和鸡精，加盖小火煮约 10 分钟。
4. 待萝卜煮软后揭盖，将鲕鱼放入锅中。加入A充分混合，晃动平底锅，开中火煮至收汁。装盘后撒上黑胡椒粗粒，可根据个人喜好加入葱末。

用萝卜干炒菜时，
可以用咖喱味代替甜咸味。

含糖量 8.6g　蛋白质含量 8.4g

咖喱萝卜干炒金枪鱼

食材（2人份）

萝卜干……30g
金枪鱼罐头（水浸）……1小罐
小葱……5根
咖喱粉……1小勺
A　番茄酱……1/2小勺
　　酱油……1小勺
　　盐、胡椒粉……少许
菜籽油或橄榄油……2小勺

做法

1. 将萝卜干洗净，用水泡发5分钟，然后沥干水分。将小葱切成3cm长的段。
2. 在平底锅中倒入油，开火加热，放入1，并将金枪鱼罐头连汁水一起倒入。充分翻炒后加入咖喱粉，炒匀后加A调味。

用豆腐和生奶油代替面粉
来制作奶油焗菜。

含糖量 6g　蛋白质含量 30g

鸡肉裙带菜豆腐奶油焗菜

食材（2人份）

鸡胸肉……1/2块
南豆腐……1块（300g）
梅干……1颗
裙带菜（盐渍）……30g
洋葱……1/4颗（50g）
A　生奶油……50ml
　　比萨奶酪……50g
酱油……1/2小勺
炒白芝麻……适量

做法

1. 将鸡肉切成小块。将豆腐用厨房纸包住放入耐热容器中，用微波炉加热1分钟后去水。将梅干去籽，并用刀拍扁。再将裙带菜用水泡发，用开水煮熟后切碎。将洋葱切成薄片。
2. 把豆腐、梅干肉和A装入大碗中，用打蛋器打发。
3. 将裙带菜放入耐热容器最底层，再铺上洋葱，均匀淋上酱油。然后铺上鸡肉，倒入2，撒上白芝麻，再用烤箱180°C烤约20分钟。

梅干照烧鸡腿肉

食材（2人份）

- 鸡腿肉……1块（250g）
- 香菇……4朵
- 绿辣椒……6根
- A
  - 盐……少许
  - 清酒……1大勺
- 清酒……1小勺
- B
  - 梅干肉……1~2小勺
  - 酱油、味啉……各1大勺
- 菜籽油或橄榄油……1/2大勺

做法

1. 将鸡肉每间隔 2cm 切几条口，用A腌制 10 分钟后擦去水分。将香菇去掉硬蒂，纵向对半切开。将绿辣椒纵向切一道口，把蒂切短一些。
2. 先给平底锅预热不放油，将鸡肉皮朝下放入锅中，盖上小一号的锅盖煎 4 分钟。用厨房纸擦掉煎出的油脂，将鸡肉翻面，盖上盖子用中小火煎 4 分钟。中途适时放入油和香菇，洒上酒继续煎。适时给香菇翻面，然后放入绿辣椒再煮一下。
3. 在鸡肉中淋上 B，煮至收汁后关火。然后将鸡肉切成小块装盘，摆上绿辣椒和香菇，并把平底锅中剩下的酱汁淋在鸡肉上。

羊栖菜培根杂煮

食材（2人份）

- 羊栖菜（干燥）……25g
- 培根……2片
- 彩椒（红）……1/4个
- 青椒……1个
- A
  - 水……100ml
  - 酱油……1大勺
  - 味啉……1大勺
- 菜籽油或橄榄油……1小勺

做法

1. 将羊栖菜洗净，在水里泡发 5 分钟，然后沥干水分。将培根切成 1cm 宽的片。
2. 将红椒青椒去籽后切成 1cm 的方块。
3. 在平底锅中倒入油加热后炒培根，然后放入羊栖菜，加入A。
4. 煮开后撇去浮沫，用小火再煮 5 分钟左右，放入红椒青椒再煮 1 分钟。

口蘑培根鸡蛋奶酪法式焗菜

食材（2人份）

口蘑……12个
洋葱……1/2颗（100g）
培根……2片
水煮蛋……1个
菜籽油或橄榄油……1大勺
黄油……10g
清酒……1大勺
盐、黑胡椒粗粒……各少许
A | 鸡蛋……1个
  | 牛奶……2大勺
  | 生奶油……100ml
  | 奶酪粉……20g
欧芹（切碎）……适量

做法

1. 将口蘑去掉硬蒂，切成5mm厚的片。将洋葱切成薄片，培根切成1cm宽的片，然后将水煮蛋横切为7~8mm的圆片。将A放入碗中搅拌均匀。
2. 在平底锅中加入油，放入洋葱炒，待炒熟后加入黄油、口蘑和培根翻炒，再加入清酒、盐、黑胡椒粗粒炒匀。
3. 将A倒入耐热容器中，然后加入2，铺上鸡蛋，用烤箱烤15~20分钟（如果中途发现快烤焦了可以盖一层铝箔纸），用牙签戳一下中央，没粘上东西就证明烤好了。最后撒上欧芹。

和风鲑鱼比萨

食材（2人份）

生鲑鱼……2片
胡葱……2根
生姜（切成丝）……1小块
比萨奶酪……50g
炒白芝麻……1小勺
A | 清酒……2/3大勺
  | 酱油……1大勺

做法

1. 鲑鱼如果有刺就先去掉，然后切成5mm厚的片（如果不好切，可以斜着切成薄片），并放入碗中加入A拌匀，腌制10分钟。
2. 将胡葱切成小段。
3. 在烤盘内铺一层铝箔纸，放上腌好的鱼肉，铺上姜丝、胡葱和奶酪，最后撒上白芝麻。烤箱（1000W）先预热，大约烤10分钟即可。

中式咸肉豆腐

食材（2人份）

豆腐……1/2块
青菜……200g
猪肉片……150g
大蒜……1瓣
红辣椒……1个

A | 鸡精……1小勺
　| 水……400ml
　| 清酒……3大勺
　| 盐……1/2小勺

芝麻油……1小勺

做法

1. 将豆腐用厨房纸包住吸去水分，并切成小块。将青菜切成小块，大蒜切成薄片，并将红辣椒去籽。
2. 在锅中加入A并煮开，然后放入猪肉。撇去浮沫，放入处理好的食材，加盖煮5分钟。装盘后淋上芝麻油即可。

欧芹酱炒秋刀鱼

食材（2人份）

秋刀鱼……2条

A | 盐……1/3小勺
　| 胡椒粉……少许
　| 白葡萄酒或清酒……1大勺

大蒜（切成末）……1瓣
欧芹（切碎）……4大勺

B | 酱油……1小勺
　| 白葡萄酒或清酒……1大勺

橄榄油……1大勺

做法

1. 将秋刀鱼去头，切成3~4cm长的段，加入A腌制5分钟。
2. 用厨房纸将秋刀鱼擦干，在平底锅中放入油，然后将鱼用中火煎2~3分钟，翻面煎至熟透。
3. 放入蒜末炒1~2分钟至变色，再加入欧芹和B，待欧芹稍微变软后关火。

※ 如果吃不惯秋刀鱼的内脏，可以先除去再腌制。

减糖饮食 style 5

便当和加餐也不能少!

巧用各种预制菜

如果你希望靠减糖来减肥，可是平时太忙没时间做饭，那么下面就为你推荐可以预先做好保存起来的低糖小吃，即便冷藏也不失美味。这些预制菜不仅能用于晚餐，也是便当和加餐的好选择。

预制菜的要点

1. 冰箱冷藏保存。
2. 吃之前加热。
3. 绝佳的蛋白质来源。

可以防止肚子饿了不由自主地吃零食。

吃零嘴补充蛋白质。

含糖量 0.2g　蛋白质含量 32g

微波炉鸡肉沙拉

食材(2人份)

鸡胸肉……1块(300g)
盐……1/4小勺

做法

1. 将鸡胸肉均匀地抹上盐，揉搓入味。
2. 放入耐热容器并轻轻盖上保鲜膜，然后放入微波炉中加热3~4分钟。
3. 取出耐热容器，并将保鲜膜裹紧，闷5~6分钟。
4. 待鸡肉完全冷却，放入干净的密封容器，加盖放入冰箱冷藏保存。

保质期3~4天

塔塔酱鸡肉

\ Arrange /

食材(2人份)

微波炉沙拉鸡肉(见下页)……1/2份
蛋黄酱……3大勺
水煮蛋……1个
洋葱(切碎)……2大勺
欧芹(切碎)……1大勺
盐、胡椒粉……各少许

做法

1. 将水煮蛋用叉子捣碎，加洋葱粒、欧芹碎和蛋黄酱搅拌，再用盐和胡椒粉调味。
2. 将沙拉鸡肉切成小块，放一半上述酱料，剩下一半装进干净的密封容器，冷藏保存2天。

用微波炉加热就能吃，口感柔嫩又多汁。

还可以换成猪肉或者鸡腿肉，
十分适合当小吃。

含糖量 1.3g　蛋白质含量 18g

孜然牛肉串

食材（2人份）

牛肉块……200g

A
- 咖喱粉……1/2小勺
- 盐……1/4小勺
- 纯酸奶……2大勺
- 孜然粉……少许
- 辣椒粉……少许

*竹签……10根

做法

1. 将牛肉放入碗中并加入A，用手揉捏入味。
2. 将牛肉分成10等份，用竹签串起来。
3. 用烧烤架（或者烤箱）烤7~8分钟（单面加热时中途需翻面，可以盖一层铝箔纸防糊）。
4. 取出3中的牛肉，待完全冷却后装进干净的密封容器，加盖放入冰箱冷藏保存。

※没有孜然粉可以不放。

保质期3~4天

关键是香味，
花椒可以换成其他香料。

含糖量 3.5g　蛋白质含量 25g

花椒烤虾

食材（2人份）

大虾……10只（200g）
酱油……1大勺
花椒粉……1/2小勺
杏鲍菇……2朵
秋葵……6根

做法

1. 大虾带壳，将背部剪开去虾线，加入酱油和胡椒粉腌制 10 分钟。
2. 将杏鲍菇竖着对半切开，秋葵削掉顶端硬皮，去蒂。
3. 将大虾、杏鲍菇和秋葵并排放在烧烤架上（或者烤箱中），烤 7~8 分钟（单面加热时中途需翻面，可以盖一层铝箔纸防糊）。
4. 取出 3 中烤好的食材，待完全冷却后装进干净的密封容器，加盖放入冰箱冷藏保存。

保质期 3~4天

加入碎肉的鸡蛋薄饼,香菜可以换成欧芹或者鸭儿芹。

含糖量 0.4g

蛋白质含量 15g

越式鸡蛋饼

食材（2人份）

猪肉末……100g
香菜……5根
鸡蛋……2个
鱼露……1小勺
菜籽油或米糠油……1大勺

做法

1. 将香菜切碎。
2. 将猪肉放入碗中，加鱼露调味，然后打进鸡蛋充分搅拌。
3. 在平底锅中（直径约 20cm）倒入油，开中火加热，倒入拌好的食材，摊平。待底面煎成焦黄色并且变干后翻面，直至双面煎至焦黄。
4. 起锅，待完全冷却后切小块，装进干净的密封容器中，加盖放入冰箱冷藏保存。

保质期3~4天

在烤好的鲑鱼和蔬菜上淋几滴醋，酸爽可口。

含糖量 4.2　蛋白质含量 23g

醋腌嫩煎鲑鱼

食材（2人份）

鲑鱼……2块（200g）
盐、胡椒粉……各少许
洋葱……50g
青椒……1个
番茄……1小颗（100g）
橄榄油……1/2大勺
醋……2大勺
黑胡椒粗粒……少许

做法

1. 将洋葱、青椒切碎，番茄去籽切成碎块。将鲑鱼切成小块，撒上盐和胡椒粉。
2. 在平底锅中加入橄榄油，开火加热，放入鲑鱼，每面各煎2~3分钟直至焦黄。
3. 将2盛进方盘，盖上处理好的蔬菜，并淋入醋，撒上黑胡椒粗粒。
4. 待完全冷却后装入干净的密封容器，加盖放入冰箱冷藏保存。

保质期3~4天

柠檬鱿鱼拌莲藕

食材（2人份）

鱿鱼……2小只
莲藕……100g
夹心橄榄……6颗

A
- 柠檬汁……1大勺
- 橄榄油……2大勺
- 盐……1/4小勺
- 胡椒粉……少许
- 大蒜（切成薄片）……1/2瓣
- 柠檬（切成月牙形）……8片

做法

1. 将鱿鱼除去内脏和表膜，身体切成 7~8mm 的圆环，鱿鱼须切成小块。然后将莲藕切成薄片。将A装入碗中拌匀。
2. 在锅内加水烧开，放入莲藕略煮一下，捞出沥水。再放入鱿鱼，待煮熟后捞出沥水。
3. 将鱿鱼和莲藕趁热放入碗中和A一起搅拌，最后加入橄榄。
4. 将 3 装入干净的密封容器，等完全冷却后加盖放入冰箱冷藏保存。

保质期3~4天

番茄大豆煮章鱼

食材（2人份）

煮章鱼（脚）……1份（约150g）
洋葱……1/2颗（100g）
番茄罐头（整颗）……1/2罐（200g）
水煮大豆罐头……1罐（110g）

A
- 盐……1/3小勺
- 酱油……1小勺
- 水……150ml

橄榄油……1大勺

做法

1. 将章鱼切成任意大块，洋葱切成 2cm 的方块。
2. 在平底锅中加入橄榄油，开火加热，放入章鱼和洋葱炒 2~3 分钟。将番茄放入锅中并用勺子捣碎，再加入A。待煮开后转小火加盖煮 20 分钟。然后放入大豆，不加盖继续煮 5 分钟。
3. 将 2 装入干净的密封容器，等完全冷却后加盖放入冰箱冷藏保存。

保质期4~5天

口蘑西葫芦油焖大虾

食材（2人份）

大虾……12只（150g）
西葫芦……1/2根
口蘑……4朵
大蒜（切成薄片）……1/2瓣
橄榄油……3大勺
盐……少许

做法

1. 将虾去掉虾线、壳、头，并在背上划开。
2. 将口蘑切碎，并将西葫芦切成 1cm 厚的扇形。
3. 在平底锅中放入大虾、口蘑和西葫芦，淋上橄榄油。开中火，不断翻炒，待食材熟透后加盐调味。
4. 将 3 装入干净的密封容器，等完全冷却后加盖放入冰箱冷藏保存。

保质期 5~6天

鱿鱼沙拉

食材（2人份）

干鱿鱼……1小只（200g）
任意蔬菜（如大葱的葱绿、欧芹茎等……适量
洋葱……1/2小颗（80g）
黄瓜……1根
番茄……1颗
欧芹（切碎）……2大勺

A
橄榄油……4大勺
葡萄酒醋或普通的醋……4大勺
盐……1/2~2/3小勺
胡椒粉……少许

做法

1. 将鱿鱼拔下鱿鱼须去掉软骨，洗净沥水，并切去鱿鱼须上的内脏。
2. 在锅中加水，放入任意蔬菜，煮沸后放入鱿鱼，煮至变色后捞起，放入冷水，冷却后沥干水分。将身体切为5mm宽的圆环，将鱿鱼须一根一根切开，太长的切成两半。
3. 将洋葱切成薄片，黄瓜和番茄切成1cm见方的丁。
4. 将A装入碗中，用打蛋器搅拌，然后加入处理好的2和3，并放入冰箱冷藏，直到食材变软。
5. 将4装入干净的密封容器并盖上盖子，放入冰箱冷藏保存。

保质期 3~4天

菌菇的香味让鸡肉更加鲜美，再配以柠檬的清香。

苦瓜不仅低糖还富含维生素C，是减糖的好食材。

含糖量 3.6g 蛋白质含量 28g

菌菇煮鸡肉

食材（2人份）

任意喜欢的菇类（金针菇、杏鲍菇等各1盒）……200g
鸡腿肉……1大块（300g）
盐……1小勺
胡椒粉……少许
清酒……2大勺

做法

1. 将鸡肉切成6等份，用盐和胡椒粉腌制10分钟。
2. 将金针菇切去根部，并切成3等份。将杏鲍菇切成2~3等份，再纵向切成5mm厚的片。
3. 将鸡肉放入平底锅中，然后将菇类铺在四周，洒上酒。加盖开大火，煮沸后转小火再煮约15分钟。
4. 将3装入干净的密封容器，等完全冷却后加盖放入冰箱冷藏保存。要吃时可根据个人喜好挤上柠檬汁。

保质期3~4天

含糖量 3.6g 蛋白质含量 4.5g

芥末籽苦瓜香肠沙拉

食材（2人份）

苦瓜……1/2根（100g）
维也纳香肠……2根（40g）
A | 盐、胡椒粉……各少许
  | 橄榄油……1小勺
芥末籽……2大勺

做法

1. 将苦瓜纵向对半切开，去籽后切成5mm厚的片。将香肠切成7~8mm厚的小片。
2. 在锅中加水煮沸，放入苦瓜焯水约30秒，加入香肠再煮10秒，一起捞起来沥水。
3. 将苦瓜和香肠装入碗中，并加入A，待热气散后加入芥末籽拌匀。
4. 将3装入干净的密封容器，等完全冷却后加盖放入冰箱冷藏保存。

保质期3~4天

含糖量 7.3g　蛋白质含量 16g

茄子木莎卡

食材（2人份）

茄子……4根
混合肉末……150g
色拉油……1小勺

A
洋葱（切碎）……1/4颗（50g）
蒜泥……少许
蛋黄酱……1大勺
酱油……1/2大勺
盐……1/2小勺
胡椒粉……少许

做法

1. 将茄子去蒂，纵向对半切开，放入耐热容器，盖上保鲜膜用微波炉加热4分钟。
2. 待热气散后用勺子挖出茄肉，注意别把皮弄坏，茄肉剁碎稍微拧一下水。
3. 将茄肉和A放入碗中充分搅拌，然后加入肉末拌匀。
4. 在平底锅中涂上色拉油，并排放好茄子皮，再铺上拌好的茄子肉馅并整平。开小火，加盖蒸6~7分钟，然后连皮一起翻面，待火稍微调大一些，再蒸6~7分钟。用牙签戳一戳，流出澄清的汁水就表示蒸好了。
5. 切成适口大小，装入干净的密封容器，等完全冷却后加盖放入冰箱冷藏保存，要吃时可根据个人喜好添加豆瓣菜。

保质期3~4天

含糖量 3g　蛋白质含量 25g

咖喱煎猪肉卷水煮蛋

食材（2人份）

水煮蛋……3个
猪肉片……6片（160g）
面粉……适量
色拉油……1大勺

A
盐……1/3小勺
咖喱粉……1/2大勺
橄榄油……1大勺

欧芹（切碎）……少许

做法

1. 将水煮蛋剥壳，裹上面粉。
2. 在猪肉片上抹少量的盐和咖喱粉（额外的），每2片1组把水煮蛋包裹起来。
3. 在平底锅中倒入色拉油并加热，放入裹好猪肉的鸡蛋，不断滚动，煎7~8分钟。待猪肉变色后加4大勺水和A一起煮。
4. 将3装入干净的密封容器，等完全冷却后加盖放冰箱冷藏保存，要吃时对半切开撒上欧芹碎。

保质期3~4天

秋葵西班牙煎蛋饼

食材（2人份）

秋葵……10根（100g）
鸡蛋……3个
维也纳香肠……4根（100g）
洋葱……1/2颗（100g）
A | 盐、胡椒粉、鱼露……各少许
盐、胡椒粉……各少许
橄榄油……1大勺

做法

1. 将其中6根秋葵切成1cm宽的小块，剩下的纵向对半切开。将洋葱切碎，香肠切为1cm厚的片。
2. 在平底锅中放入1/2大勺橄榄油，开中火加热，放入秋葵、洋葱和香肠翻炒。待洋葱变透明后加入A。
3. 将鸡蛋打散，撒上盐和胡椒粉，再加入2。
4. 在小平底锅中加入1/2大勺橄榄油，开中火预热后倒入混合好食材的蛋液。大幅搅拌至半熟后铺好整平，把纵切的秋葵呈放射状排开。待表面蛋液凝固后翻面，烤至焦黄。
5. 将4切块装入干净的密封容器，等完全冷却后加盖放入冰箱冷藏保存。

保质期3~4天

豆渣版土豆沙拉

食材（2人份）

豆渣……150g
鲑鱼罐头……80g
黄瓜……1/2根
盐……少许
A | 蛋黄酱……3大勺
盐、胡椒粉……各适量

做法

1. 将豆渣用微波炉加热约30秒，然后放置冷却。
2. 将黄瓜切成小片，撒入盐，用手揉捏至变软，然后拧去水分。
3. 将豆渣放入碗里，加入鲑鱼（连同罐头汁）和黄瓜搅拌，再加A拌匀。
4. 将3装入干净的密封容器，等完全冷却后加盖放入冰箱冷藏保存。

保质期3~4天

腌蘑菇

材料（做起来方便的分量·约8人份）

香菇……100g
口蘑……100g
杏鲍菇……100g
蟹味菇……100g
灰树花……100g
金针菇……100g
洋葱……1颗(250g)
蒜末……1/2小勺
A 白葡萄酒醋……50ml
  盐……1/2大勺
  胡椒粉……适量
橄榄油……4大勺

做法

1. 将蘑菇去蒂。将香菇、口蘑和杏鲍菇纵向切成4~6等份。将蟹味菇和灰树花分成小朵，金针菇按长度切成两半。将洋葱先竖着对半切开，再切成薄片。
2. 在平底锅中放入1大勺橄榄油，开火加热，放入蘑菇并铺开，用中火煎至焦黄后，摇晃平底锅翻炒一下，待炒出香味后盛出。剩下的蘑菇也用同样的方法炒熟。
3. 在平底锅中放入1大勺橄榄油和蒜末加热，放入洋葱并铺开，开中火煎至变软，摇晃平底锅并翻炒，待成焦黄色后把炒好的蘑菇倒回锅里，加入A炒匀。
4. 将3装入干净的密封容器，等完全冷却后加盖放入冰箱冷藏保存。

保质期5~6天

猪肉片煮冻豆腐

食材（2人份）

猪五花肉片……150g
冻豆腐……1块
嫩豌豆荚……4~5片
高汤……200ml
清酒……1大勺
味啉……1大勺
酱油……1/2大勺
盐……1/3小勺

做法

1. 将冻豆腐放入温水中浸泡10分钟，拧干后水平切为两半，再切成长条。将嫩豌豆荚斜切成细丝，将猪肉切成小片。
2. 将高汤倒入锅中，开中火加热，煮沸后放入猪肉片。撇去浮沫后加冻豆腐、清酒和味啉，煮1~2分钟。转小火，加入酱油和盐，煮5~6分钟后加入嫩豌豆荚，再稍煮一下。
3. 将2装入干净的密封容器，等完全冷却后加盖放入冰箱冷藏保存。

保质期3~4天

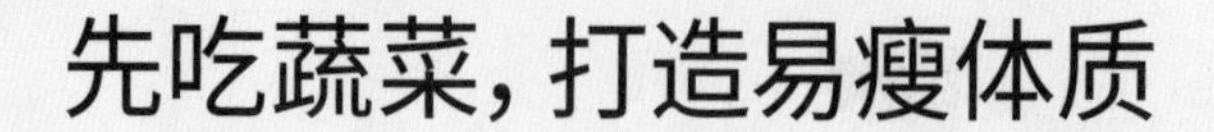

先吃蔬菜，打造易瘦体质

先吃蔬菜或者菌菇类这些低含糖量、高膳食纤维的食物，可以抑制血糖值上升。

把膳食纤维先送进消化器官，后面哪怕再吃高糖的食物，也会被膳食纤维包裹缠绕住，减少人体对糖类的消化吸收。人体对糖的吸收变得平缓，血糖值不会急剧上升，也就不需要一次性分泌大量胰岛素，从而减轻胰腺的负担。

按照蔬菜→肉或鱼的小菜→汤菜→米饭（碳水化合物）的顺序来吃，就能抑制血糖值急剧上升。而且，如果养成最后吃米饭的习惯，自然而然就会吃得更少，有助于减糖。

蔬菜和纳豆中所含的水溶性膳食纤维能让先吃蔬菜的效果更明显。

京水菜
银鱼干纳豆沙拉

食材（2人份）

碎纳豆……2盒（80g）

A　面露（3倍浓缩）……1大勺
　　水、醋……各1/2大勺

萝卜……3cm

京水菜……1/3把（70g）

B　银鱼干……2大勺
　　橄榄油……1大勺
　　黑胡椒粗粒……少许

海苔丝……适量

做法

1. 将纳豆和A混合搅拌（可根据个人喜好添加芥末粉拌匀）。
2. 将萝卜先切成薄片再切成细丝，将京水菜切成4~5cm长的段，一起放入冷水中并捞起，然后擦干装盘。
3. 在平底锅中放入B，开中火炒至焦脆后，淋到萝卜丝和京水菜上，再铺上纳豆和海苔丝，充分搅拌均匀。

西蓝花含糖量低且富含维生素C，
是非常好的蔬菜。

含糖量 0.5g　蛋白质含量 1.9g

西蓝花沙拉

食材(2人份)

西蓝花……1小棵
橄榄油……1/2大勺
盐……少许
A 橄榄油……1大勺
　醋……1/2大勺
　柚子胡椒……少许
　盐……少许

做法

1. 将西蓝花分成小朵，用冷水泡3分钟后吸干水分。
2. 在平底锅中放入橄榄油加热，将西蓝花稍微炒一下，然后放入盐，并加入3大勺水，加盖煮约1分钟，待水收干后装盘。
3. 将A混合后淋在西蓝花上。

韩式海苔拌白菜

食材(2人份)

白菜……200g
烤海苔(整张)……1/2张
银鱼干……1大勺
A 芝麻油……2小勺
　盐……1/3小勺
　胡椒粉……少许

做法

1. 将白菜先切成4cm宽的大小，然后沿着筋丝方向切成细条。
2. 加入A、撕碎的海苔、胡椒粉和银鱼干，搅拌均匀。

白菜味道鲜美，
生吃也很可口。

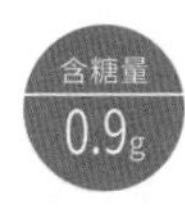

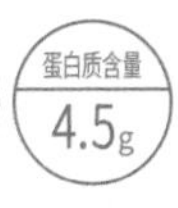

白干酪拌菠菜

食材(2人份)

菠菜……200g
白干酪……30g
生抽……1/2小勺
木鱼花……适量

做法

1. 在热水中加入盐(额外的)、将菠菜焯好后，沥水拧干并切成4~5cm长的段。
2. 加入白干酪和生抽，拌匀装盘，装饰上木鱼花。

菠菜配乳制品
能补充大量维生素和钙。

油菜花富含维生素C、β-胡萝卜素和钙。

油菜花寿司卷

蛋白质含量 3.5g

食材(2人份)

油菜花……1/2把
烤海苔(整张)……1张
A | 酱油……2小勺
  | 芥末籽……1/2小勺
炒白芝麻……少许

做法

1. 在热水中加少许盐(额外的),待油菜花焯好后,沥水拧干。
2. 将海苔对半切开,竖着放。把一半油菜花横放在海苔上面,从跟前开始卷。卷到最后用水把海苔粘住。剩下一半做法相同。
3. 切成6~8等份装盘,撒上芝麻。

芦笋富含氨基酸和天冬氨酸,可以缓解疲劳。

蒜油芦笋

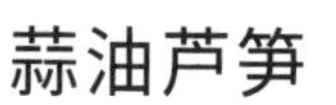

蛋白质含量 1.6g

食材(2人份)

芦笋……5根
大蒜……1/2瓣
红辣椒……1/2根
橄榄油……2小勺
盐、胡椒粉……各少许

做法

1. 先用削皮器削去芦笋根部的硬皮,然后斜切为7~8cm长的段。将大蒜切成末,红辣椒去籽切成小圈。
2. 在锅中放入橄榄油,放入大蒜和红辣椒,开火炒香后加入芦笋,炒熟后撒上盐和胡椒粉。

盐渍海带可以代替调味品,非常适合腌制茄子。

日式拌茄子

蛋白质含量 0.8g

食材(2人份)

茄子……1根
盐……1/3小勺
盐渍海带(切成丝)
……3g

做法

1. 将茄子切成1cm的方块,抹盐腌制10分钟,然后洗净拧干。
2. 撒上盐渍海带静置10分钟,然后拌匀再放10分钟。

白菜含糖量比卷心菜低，
更适合做沙拉。

蛋黄酱白菜沙拉

食材（2人份）

白菜……150g

A | 蛋黄酱……2大勺
　| 酱油……1小勺
　| 芥末籽……2小勺

做法

1. 将白菜横切为1~1.5cm宽的块，用冷水泡 5~6 分钟，然后沥水拧干。
2. 用大碗混合A，加入白菜拌匀。

鸭儿芹可以换成小松菜、
菠菜或者豆瓣菜。

韩式拌鸭儿芹

食材（2人份）

鸭儿芹……1把（带根220g）

A | 炒白芝麻……1/2大勺
　| 芝麻油……2小勺
　| 盐、胡椒粉……各少许

做法

1. 将鸭儿芹去根随意切成几段，准备充足热水，先下茎再下叶片，稍微焯一下，然后捞起沥水。
2. 趁热装入碗中，加入A拌匀。

蛋黄酱低糖而且味道浓烈，
非常适合当减糖调味品。

味噌蛋黄酱拌芦笋

含糖量 1.5g　蛋白质含量 1.7g

食材（2人份）

芦笋……1把

酱油……1/2小勺

A | 味噌……1/2小勺
　| 蛋黄酱……1大勺

做法

1. 用削皮器削去芦笋根部的硬皮，切成两段。烧一锅开水，加 1 小勺盐（额外的），按从下到上的顺序放入芦笋，煮好后捞起放进冰水里。
2. 待芦笋冷却后沥干水分，斜切成 1cm 厚的片，淋上酱油泡一泡，然后擦干。
3. 在碗中加入A，搅拌均匀，然后放入 2 充分拌匀。

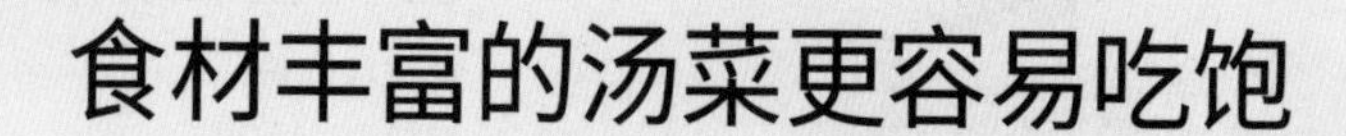

食材丰富的汤菜更容易吃饱

减糖鼓励多吃肉类、鱼类和蔬菜，同时控制米饭这类主食的摄入量。可是不少人偏偏喜欢吃米饭和面条，很难减量，那该怎么办？下面就为大家推荐高汤或者味噌汤煮的汤菜。

在菜单中加入汤菜，光是喝汤就足够占肚子了，很容易吃饱，米饭自然就吃得少了。

做汤菜尽量多放食材，这样不仅分量更足，而且边嚼边吃比光喝汤更有饱腹感。

能同时补充蛋白质、维生素和膳食纤维的大分量汤菜。

金枪鱼青菜咖喱鸡蛋汤

食材（2人份）

金枪鱼罐头……1/2罐（40g）
青菜……1棵（110g）
鸡蛋……1个
咖喱粉……1小勺
固体汤料……1/2块
盐……少许
胡椒粉……少许
橄榄油……1/2大勺

做法

1. 将青菜叶片切为5cm长的段，茎连同根按8等份切成月牙形。将金枪鱼沥干汁水，并将鸡蛋打散。
2. 在平底锅中放入橄榄油，开火加热，炒青菜的茎。炒软后加入咖喱粉、400ml水和固体汤料。
3. 煮沸后放入青菜叶片和金枪鱼，稍煮一下后加入盐和胡椒粉调味。缓缓加入打好的蛋液，待蛋花浮面后关火。

蛋液加奶酪粉可以帮助补钙，
味道也更好。

生菜蛋花汤

含糖量 3.3g　蛋白质含量 3.5g

食材（2人份）

生菜……100g
洋葱……1/4颗
鸡蛋……1/2个
奶酪粉……1大勺
橄榄油……1/2大勺
A | 固体汤料（鸡汤）……1/2块
  | 热水……300ml
盐、胡椒粉……各少许

做法

1. 将生菜切成较大的块状，洋葱切成 1cm 宽左右的丝。
2. 在锅中放入橄榄油，开火加热，炒生菜和洋葱，待变软后加入 A，让固体汤料融化。煮沸后加入盐和胡椒粉调味。在奶酪粉中加入蛋液拌匀，倒入锅中，煮熟后关火。

想进一步控制糖的摄入，
可以不放味啉。

清汤鸡肉萝卜

含糖量 2.8g　蛋白质含量 12g

食材（2人份）

鸡胸肉……1/2小块（100g）
萝卜……3cm（100g）
鸭儿芹……适量
高汤……400ml
A | 味啉……1/2大勺
  | 生抽……1/2小勺
  | 盐……1/3小勺

做法

1. 将萝卜切成5mm厚的扇形。将鸭儿芹摘下叶片，茎切为2cm长的段。将鸡肉切成小块。
2. 在锅中加入高汤开火加热，煮沸后放入鸡肉和萝卜，再次煮开后去浮沫，加入A，用小火煮至萝卜变软。
3. 装盘，装饰上鸭儿芹。

大块头的蔬菜烤一烤，
更香也更有嚼劲，吃得更满足。

烤蔬菜味噌汤

含糖量 4g　蛋白质含量 4g

食材（2人份）

芦笋……2根
煮竹笋……75g
高汤……300ml
味噌……1大勺

做法

1. 将竹笋纵切成 5mm 厚的片，稍微烫一下。芦笋刮去根部硬皮，切为 4cm 长的段。
2. 将竹笋和芦笋放入烤箱，烤 7~8 分钟至焦黄。
3. 在锅内放入高汤并煮至温热，放入味噌溶解。
4. 将 2 放入容器，并加入 3 的味噌高汤。

红味噌是同类中含糖量最低的，特别适合减糖。

烤茄子野姜大豆味噌

含糖量 3.8g　蛋白质含量 3.6g

食材（2人份）

茄子……2根
野姜……1个
蒜泥……少许
高汤……400ml
红味噌……1大勺

做法

1. 将茄子去蒂，放在烧烤架上大火烤至焦黑。待热气散去后剥皮，切成小块。将野姜切成丝，用冷水浸泡。
2. 在锅中放入高汤并煮沸，加入红味噌溶解。
3. 将茄子装入碗中，并加入味噌汤，叠上去水的野姜丝和蒜泥。

豆渣不仅含糖量低，富含膳食纤维，还能提供植物蛋白。

韩式泡菜豆渣大酱汤

含糖量 3.5g　蛋白质含量 6.1g

食材（2人份）

韩式辣白菜……20g
猪五花肉片……50g
黄瓜……1/2根
豆渣……25g
A　水……300ml
　鸡精……1/2小勺
　清酒……1/2大勺
味噌……1大勺
芝麻油……1小勺

做法

1. 将辣白菜切成小块，黄瓜纵向切成两半后斜切成薄片，猪肉切成2cm宽的片。
2. 将猪肉和A一起下锅，搅拌后煮沸，撇去浮沫。
3. 加入豆渣、辣白菜和黄瓜，煮约2分钟，再加入味噌溶解，最后淋上芝麻油。

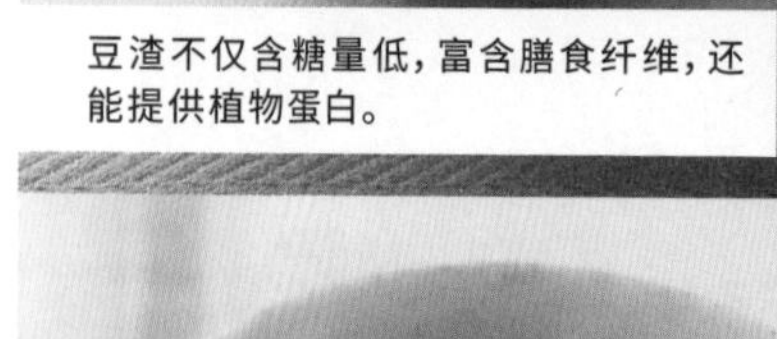

王菜鸡肉末汤

食材（2人份）

王菜……1/2把（45g）
鸡肉末……75g
A　鸡精……1小勺
　清酒……1/2大勺
　水……400ml
盐……1/2小勺
胡椒粉……少许
姜汁……1小勺
芝麻油……1小勺

做法

1. 摘下王菜叶并切成小片。
2. 在锅中加入A，放入肉末不断搅拌，待煮沸后撇去浮沫。
3. 放入王菜叶，煮至黏稠，加入盐和胡椒粉。起锅前加入姜汁和芝麻油，再稍微煮一下。

王菜的黏液含有水溶性膳食纤维，可以改善肠道环境。

菠菜补铁，
银鱼干补钙。

菠菜银鱼干味噌汤

含糖量 3g　蛋白质含量 4.9g

食材（2人份）

菠菜……150g
银鱼干……1大勺
高汤……400ml
味噌……3/2大勺

做法

1. 将菠菜用塑料袋装起来，放入微波炉加热2分钟，擦干切成4cm长的段。
2. 在锅中加入高汤并煮沸，放入菠菜和味噌，待味噌溶解后关火。盛入碗中，加上银鱼干。

爽口的卷心菜让口感升级，汤汁的滋味也更加浓厚。

卷心菜培根汤

含糖量 6.4g　蛋白质含量 4.4g

食材（2人份）

卷心菜……1/4棵
大葱……1/2根
培根……2片
橄榄油……1/2小勺
A | 水……300ml
  | 固体汤料（鸡汤）……1/2块
盐、黑胡椒粗粒……各少许

做法

1. 将卷心菜去芯，切成5cm的方块。将大葱切成2cm长的段，将培根切成细条。
2. 在锅中加入橄榄油和培根，开火略炒，然后放入卷心菜、大葱和A。煮沸后撇去浮沫，然后加盖转小火再煮10分钟。装盘，撒上盐和黑胡椒粗粒。

肉+牛奶+韭菜，就是一碗
富含蛋白质和铁的营养汤。

韭菜肉末中式奶汤

蛋白质含量 6.5g

食材（2人份）

韭菜……50g
混合肉末……50g
芝麻油……1小勺
牛奶……100ml
盐、胡椒粉……各少许

做法

1. 将韭菜切成碎末。
2. 在锅中加入芝麻油，开中火加热，放入肉末翻炒。待肉末炒散后加入韭菜稍微翻炒一下，然后加入200ml热水。
3. 煮沸后撇去浮沫，倒入牛奶再煮至沸腾，最后撒上盐和胡椒粉。

关键在于早餐避免升血糖

减糖可以让血糖值一整天保持稳定。一日之计在于晨，早餐尤其重要。如果一大早就摄入过多糖类，会导致血糖值飙升。为了抑制过高的血糖，人体就会分泌大量胰岛素，这样又会使血糖值急剧下降，而血糖值的急速波动会让人饿得更快（详见P8）。

如果血糖值从早餐开始就急上急下，之后两餐也会随之受影响。比如午餐晚餐狼吞虎咽，点心零食也停不下来，一整天都食欲过剩，其原因就在这里。如果早餐不让血糖升得太高，控制全天的血糖相对就容易很多。

低糖的牛油果是减糖的得力助手，
加热一下入口即化。

牛油果培根蛋黄酱炒蛋

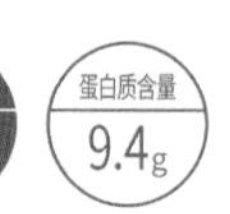

食材（2人份）

鸡蛋……2个
牛油果……1/2个
培根……2片
盐……少许
蛋黄酱……1大勺
A｜盐、胡椒粉、酱油……各少许

做法

1. 将牛油果去皮去核，切成1cm厚的块，将培根切成2cm宽的片。
2. 将鸡蛋打入碗中，加入盐打散。
3. 在平底锅中放入1/2大勺蛋黄酱，开火加热，一次放入培根和牛油果翻炒，加A调味，然后全部倒进蛋液里拌匀。
4. 将平底锅擦干净，加热剩下的蛋黄酱，然后倒入3，搅拌翻炒至半熟状。

鸡蛋加入蛋黄酱又软又香，
樱花虾是重点。

减糖早餐中，鸡蛋有各式各样
的做法，变化无穷。

西蓝花炒蛋

蛋白质含量 8.5g

食材（2人份）

鸡蛋……2个

A | 蛋黄酱……2大勺
  | 盐、胡椒粉……各少许

西蓝花……4小朵

樱花虾……2小只

做法

1. 将西蓝花切成小块。
2. 将鸡蛋打入耐热容器，加A拌匀。
3. 在 2 中加入西蓝花和樱花虾，盖上保鲜膜装入微波炉加热 1 分钟。取出后充分搅拌，盖上保鲜膜再加热 30 秒。

咖喱味蛋包饭

食材（2人份）

鸡蛋……3个

洋葱……1/4颗(50g)

火腿……2片

A | 咖喱粉……1/2小勺
  | 蛋黄酱……1大勺

盐……少许

橄榄油……1/2大勺

做法

1. 将火腿、洋葱切成 1cm 见方的块状。
2. 将鸡蛋打入碗中，加入火腿和A拌匀。
3. 在平底锅中加入橄榄油，开火加热，放入洋葱，待炒软后撒入盐。然后倒入 2，用筷子大幅搅拌，直至半熟。静置一会，待底面成焦黄色后对折装盘。

也可以用小松菜、豆瓣菜或者鸭儿芹代替菠菜。

牡蛎富含锌，能帮助蛋白质代谢，改善皮肤。

蛋黄酱烤菠菜水煮蛋

食材（2人份）

菠菜……200g
水煮蛋……2个
蛋黄酱……1大勺
盐、胡椒粉……各少许

做法

1. 将菠菜根部呈“十”字形切开，用水仔细清洗后放入沸水中焯一下，然后捞出沥水，待冷却后拧干，并切成小段。
2. 在碗中放入半勺蛋黄酱、盐和胡椒粉搅拌，再放入菠菜拌匀。
3. 将 2 铺进耐热容器，摆上切成小块的水煮蛋，再加入剩下的蛋黄酱，用烤箱烤约 10 分钟至变色。

菠菜牡蛎蛋包饭

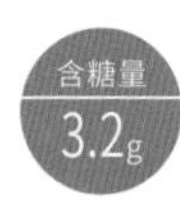

食材（2人份）

菠菜……1/2把（100g）
牡蛎……120g
鸡蛋……2个
盐……1/4小勺
胡椒粉……少许
橄榄油……1大勺半

做法

1. 将牡蛎用盐水（额外的）洗净擦干，切成 4 等份。
2. 将菠菜根部按“十”字形切开，用水仔细清洗后放进沸水焯一下，捞出沥水，待冷却后拧干，并切成小段。
3. 在平底锅中放入半勺橄榄油，开火加热，依次放入牡蛎和菠菜翻炒。待牡蛎膨胀后撒入盐和胡椒粉，并关火。
4. 将鸡蛋打入碗中并搅散，然后加入 3 拌匀。
5. 在平底锅中放入 1 大勺橄榄油，开火加热，倒入 4，用筷子大幅搅拌，直至半熟。然后静置一会儿，待底面成焦黄色后对折装盘。

源自西班牙的鸡蛋做法，
几成熟可以自己掌握。

大幅搅拌之后把食材移到一侧，
蛋包饭的形状更好看。

巨无霸
西班牙烤蛋

食材（2人份）

鸡蛋……2个
番茄罐头……1罐
青椒……2个
洋葱……1/2颗
大蒜……1小瓣
红辣椒……1/2个
盐、胡椒粉……各少许
橄榄油……1大勺

做法

1. 将青椒去籽，和洋葱一起切成 5mm 的丝。将大蒜切成末，红辣椒切成小段。
2. 在平底锅中放入橄榄油、蒜末和红辣椒，开中小火加热，有香味后加入青椒和洋葱翻炒。再加入番茄，不断翻炒，焖约 5 分钟后加入盐和胡椒粉调味。
3. 在中间留出两个坑，打入鸡蛋，加盖煮至半熟。可根据个人喜好添加黑胡椒粗粒。

火腿青豌豆
蛋包饭

食材（2人份）

鸡蛋……4个
火腿……3片
青豌豆……50g
洋葱……1/2颗
A | 牛奶……2大勺
  | 盐、胡椒粉……少许
黄油……25g

做法

1. 将洋葱切成薄片，火腿切成 1cm 的方块。将青豌豆放入加盐（额外的）的热水里，烫 5~6 分钟。将鸡蛋放入碗中打散，加入A搅拌均匀。
2. 在平底锅中放入 5g 黄油，待融化后放入洋葱，炒软后加入火腿和青豌豆，炒匀后一起倒入蛋液中。
3. 在平底锅中放入 10g 黄油，待融化后倒入拌好的蛋液，用筷子大幅搅拌，然后把食材放到一侧堆好，再对折鸡蛋。剩下的做法相同。
4. 装盘，可根据个人喜好添加番茄酱（最好是低糖的），装饰上绿叶蔬菜。

减糖糕点

如果减糖时无论如何也戒不掉甜食，下面就为大家介绍几种低糖甜点食谱。基本是把白砂糖换为不含糖类的甜味剂，用杏仁粉代替面粉。

(1/8份)

奶酪蛋糕

食材(直径20cm圆形模具)

杏仁粉……20g

奶油奶酪……350g

酸奶油……100g

罗汉果糖等甜味剂……100g

鸡蛋……3个

柠檬汁……1大勺

准备

- 将奶油奶酪在室温下放置20分钟至软化。
- 如果模具不是不粘锅材质，要在内侧铺一层硅油纸。
- 将烤箱预热至170℃。

做法

1. 将奶油奶酪和酸奶油放入碗中，用打蛋器打发。加入甜味剂，继续搅拌均匀。
2. 将鸡蛋打散，分5~6次加入奶油中，同时不停搅拌。然后加入柠檬汁搅拌，最后加入杏仁粉继续搅拌。
3. 倒入模具中，放入预热好的烤箱170℃烤60分钟。中途表面如果变焦，可以盖上一层铝箔纸。
4. 待完全冷却后从模具中取出，并切成适当大小。

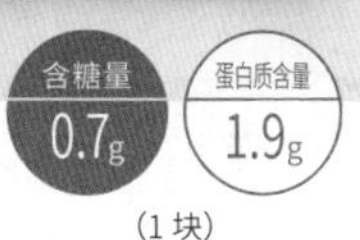

（1块）

迷你红茶磅蛋糕

食材（7cm×4cm×1.5cm的磅蛋糕模具）

A | 杏仁粉……80g
  | 麦麸粉……20g

黄油……100g

罗汉果糖等甜味剂……60g

鸡蛋……3个

B | 朗姆酒……1大勺
  | 柠檬汁……1大勺

红茶叶……2大勺

＊麦麸粉由麦皮精制而成。

准备

- 将黄油在室温下放置20分钟至软化。
- 将烤箱预热至180°C。
- 将A混合均匀。

做法

1. 将红茶叶用臼杵等工具捣碎，鸡蛋的蛋清与蛋黄分开。
2. 将黄油放入碗中，用打蛋器打发至奶油状。将甜味剂分 5~6 次加入，每次都要用打蛋器充分混合。然后加入蛋黄继续搅拌，最后加入红茶叶和 B 搅拌。
3. 将蛋清放入另一只碗中，打发至能拉出尖角。
4. 在 2 的碗中加入 3 打发的 1/3 的蛋清，用打蛋器充分搅拌。再加入 A的 1/3 混合粉，用硅胶刮刀搅拌。最后把剩余的蛋清和混合粉全部加入，用硅胶刮刀从下至上轻轻搅拌均匀。
5. 放入模具，用烤箱 180°C烤 14~15 分钟，然后取出放到网架上冷却。

含糖量 0.5g　蛋白质含量 1.1g
（1颗）

杏仁马卡龙

食材（12颗份）

A | 杏仁粉……50g
 | 罗汉果糖等甜味剂……50g

蛋清……1~2小勺

杏仁片……15g

准备

- 将烤箱预热至130℃。
- 在烤盘上铺一层硅油纸。

做法

1. 将A放入碗中，搅拌至没有硬块。
2. 另取一只碗放入蛋清，打发至轻微起泡。
3. 将2中的蛋清慢慢倒入1的碗中，同时用手不停搅拌，直至可以揉成团。
4. 将3揉好的团分成12等份，并搓成圆球。
5. 裹一裹剩下的蛋清，蘸上杏仁片，放到烤盘上。
6. 放入预热至130℃的烤箱中烤40分钟，直到稍微膨胀并变为焦黄色。然后取出放到网架上冷却。

抹茶酸奶冰激凌

食材（4人份）

纯酸奶……150g
生奶油……100ml
罗汉果糖等甜味剂……50g
抹茶……2大勺

做法

1. 在漏勺上铺一层厨房纸，倒入酸奶放置 20 分钟，沥去水分。
2. 将生奶油装入碗中，用打蛋器打发至黏稠。
3. 另取一只碗加入甜味剂和抹茶，搅拌均匀。
4. 将酸奶和拌好的抹茶加入奶油中，用硅胶刮刀搅拌至颜色均匀。
5. 放入冰箱，开始结冻后，不时取出来用叉子搅拌一下，再继续冷冻。

梅子酱意式奶冻

食材（4人份）

牛奶……100ml
生奶油……200ml
明胶……5g
罗汉果糖等甜味剂……40g

梅子酱

梅干……1大颗（20g）
无糖类甜味剂（液体）……1大勺
朗姆酒……1/2小勺

做法

1. 在小碗中加入 3 大勺冷水，泡发明胶。
2. 在小锅中倒入牛奶和泡发好的明胶，开小火搅拌，控制火候不要煮沸。
3. 关火，加入生奶油和甜味剂。
4. 倒入容器，待冷却后放入冰箱冷冻，直至凝固。
5. 制作梅子酱。将梅干用竹签串起来，放入冷水中浸泡 20 分钟，泡出盐分。将果肉捣碎，加入甜味剂和朗姆酒。
6. 将梅子酱点缀到奶冻上。

减糖 4 个月的经验之谈

3名志愿者挑战了减糖减肥法，他们之前都没有任何减糖经验。下面就来看看他们的实际成果。

活用外出就餐的机会 轻轻松松 -16kg

（吉川 悟（化名）/ 男）

如何成功减糖？！Q&A

Q 你认为减糖有什么好处？

A 我虽然一直想减肥，这次因为受伤才终于下定决心，挺好的。

Q 为什么能坚持下来？

A 减糖不影响我吃肉。

Q 坚持减糖的动力是什么？

A 去居酒屋能吃到很多低糖食物，酒也可以照样喝。

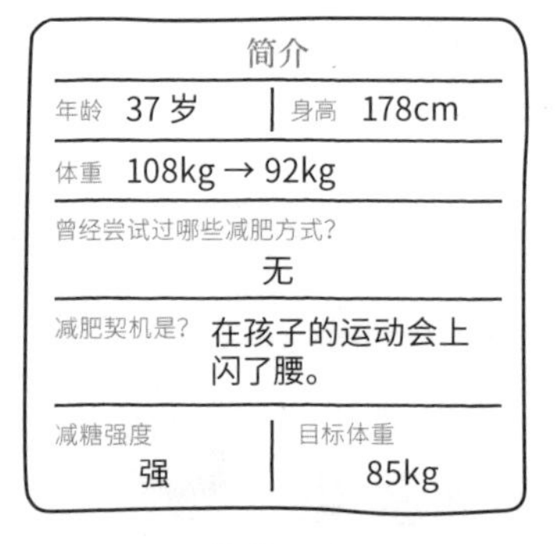

简介

年龄 37 岁	身高 178cm
体重 108kg → 92kg	
曾经尝试过哪些减肥方式？ 无	
减肥契机是？ 在孩子的运动会上闪了腰。	
减糖强度 强	目标体重 85kg

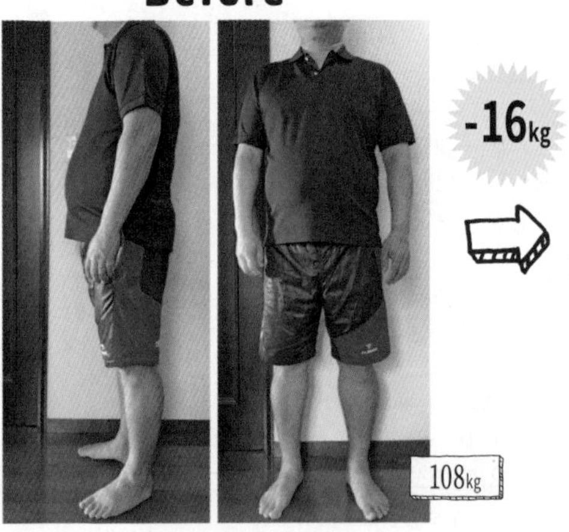

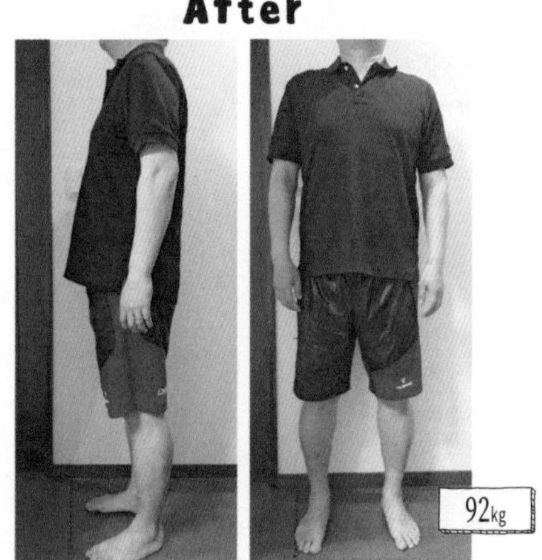

出门吃饭就选居酒屋，减糖也是一种享受！

我因为工作关系经常应酬，一不留神体重就超过了 100kg。我担心健康出问题，才决定开始挑战减糖！本来我还怕经常在外面吃没什么效果，谁知道 4 个月就减了 16kg。我经常去居酒屋，从不顾虑菜单，直接就点自己爱吃的炸鸡块吃到饱。一开始去掉主食还是会饿，不过眼看着体重下降，我也很有成就感，最后都是用沙拉代替米饭撑过来的。现在人瘦下来了，打高尔夫也更灵活。

蛋包饭

早餐一定是蛋包饭和汤，多吃鸡蛋没坏处。

早餐

便利店快餐

午餐主要是去便利店买，现在便利店推出了不少低糖食品，不过多吃几天就腻了。

午餐

平时你都是怎么吃的？

看看我的菜单

晚餐

小菜吃到饱

多亏妻子在家做了很多小菜，我能换着花样吃，减肥毫无压力。

晚餐

活用居酒屋

因为平时应酬多，会经常去居酒屋，但一般就只吃小菜，喝点兑水威士忌。

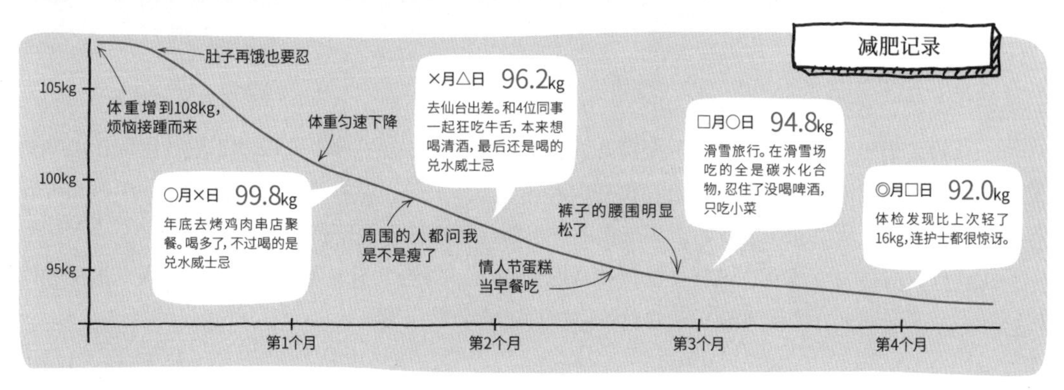

为了结婚怎么也要拼了-4.2kg

（浦岛辰也（化名）/男）

豆腐、韩式泡菜、纳豆、鸡蛋还有便利店的汤锅，把便利店和超市的低糖类食品吃了个遍，饱口福才能长期坚持。

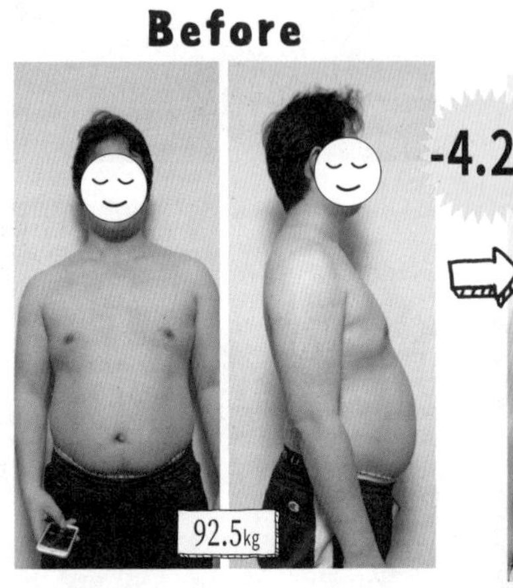

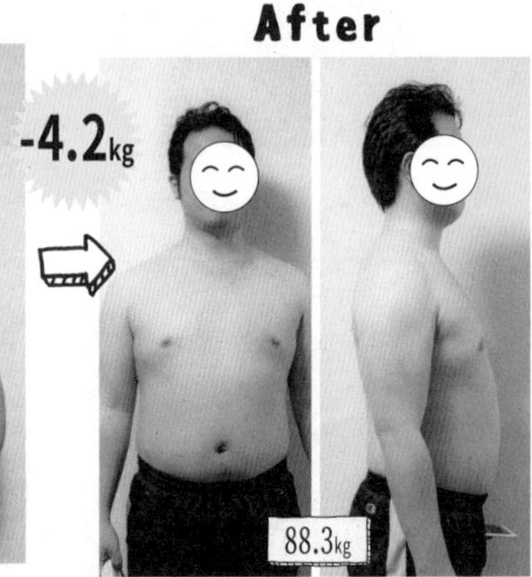

腰围明显减小，长期慢慢减重才不会伤害身体。

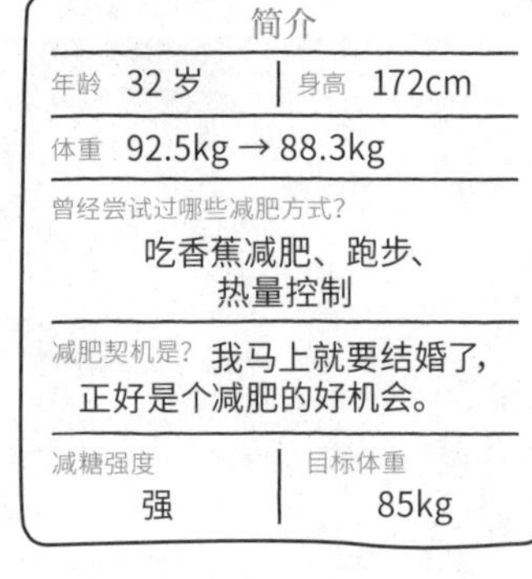

简介

年龄 32岁	身高 172cm
体重 92.5kg → 88.3kg	
曾经尝试过哪些减肥方式？吃香蕉减肥、跑步、热量控制	
减肥契机是？我马上就要结婚了，正好是个减肥的好机会。	
减糖强度 强	目标体重 85kg

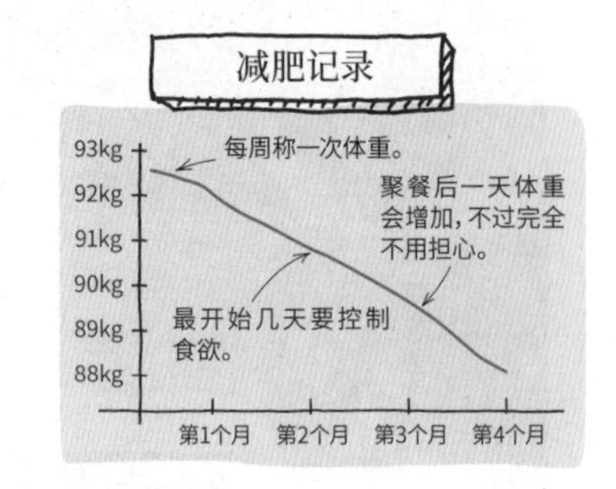

一个人住，自己不做饭，也能成功减糖！

一开始会很想吃碳水化合物，但坚持几天就习惯了。只要注意哪些吃哪些不吃，就能比限制热量时吃得更饱，所以还是减糖更轻松。我一个人住，工作又忙，基本没机会自己做饭，不过只要花些功夫，哪怕直接从便利店或者超市买现成的，也照样可以快乐地坚持减糖饮食。

我建议定时称一下体重，这样更能保持减肥的动力。当然也不要太过神经质，每周一次的频率比较好。只要保证下一周体重有所减轻就行，这样就没什么压力。

这次产后一定要瘦！还要动起来-5kg

（m.m / 女）

平时你都是怎么吃的？

看看我的菜单

只是稍微注意少吃含糖量高的食物，变着花样找食材代替碳水化合物也是一种乐趣，连做饭都变得快乐起来。

减肥记录

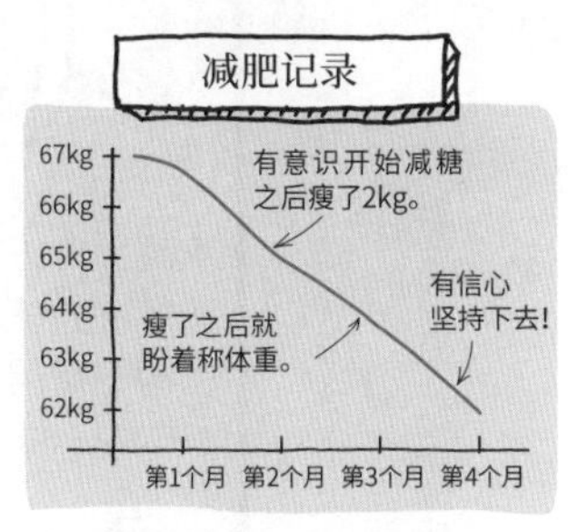

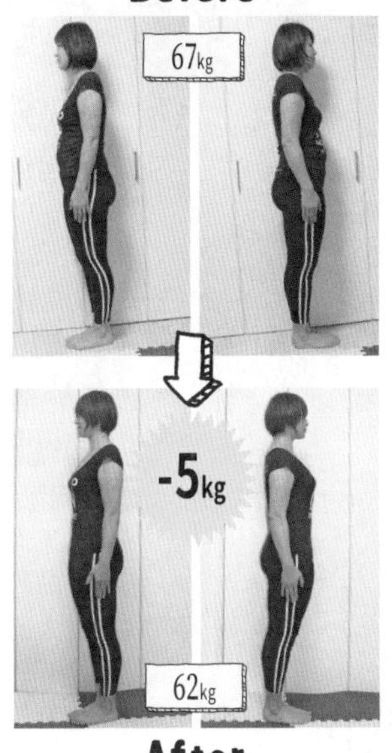

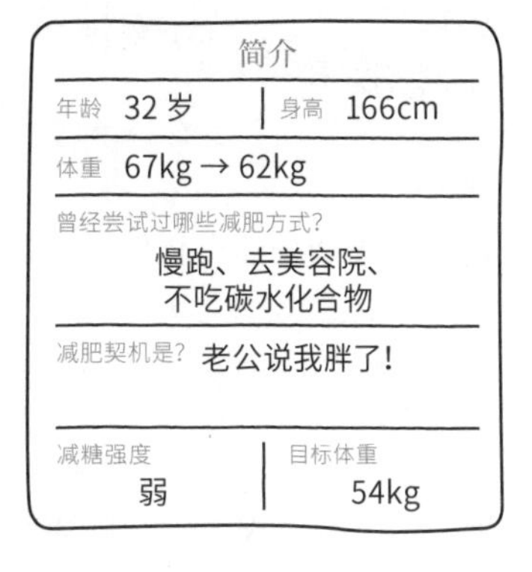

简介	
年龄 32 岁	身高 166cm
体重 67kg → 62kg	
曾经尝试过哪些减肥方式？ 慢跑、去美容院、不吃碳水化合物	
减肥契机是？ 老公说我胖了！	
减糖强度 弱	目标体重 54kg

通过减糖快乐减肥

这是我第一次尝试减糖，“轻度减糖”不用太逼自己，只是没想到轻轻松松也瘦了5kg，看来减糖真的很适合我。瘦下来之后整个人都感觉很轻松！接下来我想配合运动再多减一些。

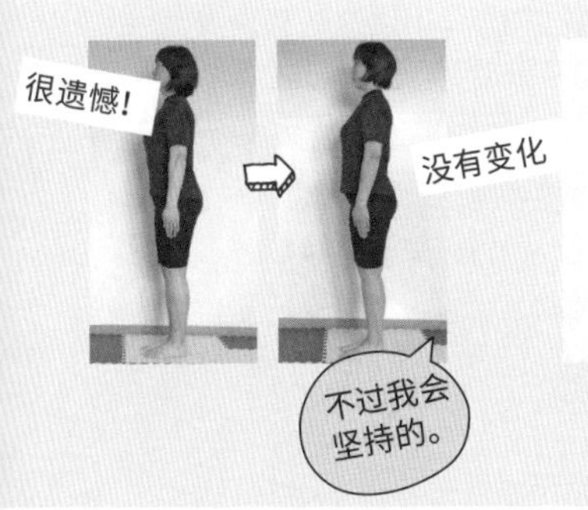

Q 为什么减肥效果不理想？

A 我很喜欢吃碳水化合物（面食），而且家里孩子不好好吃饭，剩菜剩饭扔了又可惜，我就会全吃掉，结果没能实施减糖……年底又是旅行又是家庭聚会，反而更胖了。

很努力却失败了！

来听听失败原因

找到失败原因有助于发现减糖的漏洞。

减糖 Q&A

这部分介绍并总结了关于减糖的相关疑问和解决方法。如果你对减糖有任何担心和顾虑的话，看看这部分，相信一定会让你更坚定安心的减糖。

Q 我是第一次减糖，有些担心，想慢慢来，应该从哪里入手呢？

A 首先戒掉甜点和果汁。

如果你习惯整天喝甜果汁、碳酸饮料，或者往咖啡里加糖，一定要改掉。然后要少吃夹心面包和点心，尤其早餐不要吃甜面包。甜食可以用坚果、奶酪或者水煮蛋代替。

另外，请你重新回顾一下平时的饮食结构，是不是光顾着吃面食、盖饭、饭团、三明治等高碳水化合物的食物呢？这些碳水化合物的含糖量都过高。建议替换成少吃米饭，以菜和肉为中心的饮食。没有经验的话推荐从“轻度减糖（详见P16~17）”开始尝试。

Q 减糖多久能看到效果？

A 最快1个月。
如果本身营养不良，
那就要慢慢来。

虽然减糖效果因人而异，不过也有不到1个月就成功的例子。

如果你的体重一直没有下降，或许是因为之前的饮食让身体处于“低营养”的状态。太偏重碳水化合物，或是极端的减肥导致不断反弹，都会造成营养不良。

控制住碳水化合物的摄入量，多吃肉类、鱼类、蛋类和蔬菜，身体就一定会积累必要的营养。结果或许导致体重暂时增加，或者胆固醇值上升，不过这些都是身体在做准备，请不要放弃，坚持就是胜利。

Q 要坚持多久？实现减肥目标后还需要继续减糖吗？

A 减肥之后反弹就是因为回到了以前的饮食生活。

不少人认为减糖只是一种减肥方式，其实这并不是减糖的初衷。

①改变过糖的饮食习惯（改掉以饭团、面包、拉面等为主的吃法，减少点心和甜果汁等的摄入量）。

②充分摄取富含蛋白质、维生素的食物，保证身体营养（吃肉类、鱼类，还有蛋类、大豆制品、优质油和蔬菜）。

减糖不仅是为了减重，也是有利于健康和美容的饮食方式。

即便减到满意的体重，如果又像之前那样吃，体重也会长回去。

Q 我听说短期减肥是容易，难在坚持，有什么诀窍吗？

A 定好每天摄取多少糖类就不要变。

如果想在减肥成功之后继续保持，虽然因人而异，不过纵观成功经验，关键是保持减糖的水平（每天摄入的糖分）。

如果每天摄入的含糖量没有限制，就极易造成反弹。当然，如果你吃了点心或者面包，也不要自责，从明天起恢复减糖也不迟。不只是体重，还要根据自身的体型和健康状况来调节。不必太过紧张，只要保持减糖的意识，每天都去尝试，就一定能成功。

Q 限制热量和减糖有什么区别？

A 基准不一样，二者是截然不同的饮食方式。

靠节食减肥的两大代表就是“限制热量”和“限制糖类（减糖）”。

限制热量的理论是减少热量摄入（食物提供的热量），提升热量消耗，使身体脂肪更容易燃烧。限制热量需要计算每餐摄入的热量，对高热量的油脂类敬而远之，偏向低脂饮食。

减糖则是控制碳水化合物的摄入，鼓励多吃蛋白质和脂类。因为肉可以随便吃，所以即使减去碳水化合物也能吃饱，而且菜品更好搭配，很受欢迎。

Noooo!

Q 我就是忍不住想吃蛋糕、面包，怎么办？

A 想吃零食参考P11，可以吃核桃、奶酪或者毛豆。

如果突然有想吃甜食的冲动，首先请喝杯茶或者凉水，试着忍耐5~10分钟。很多时候这样忍一忍就过去了。如果眼前就有零食，当然会勾起食欲。所以要么不买零食，要么就放到看不到的地方。

另外，肚子太饿就会想吃碳水化合物，所以如果感到饿了就吃些低糖零食或者加个餐（详见P11）。

现在很多人因为工作太忙没时间吃饭，导致饮食很不规律。这种情况下就每次少吃些，把3餐改成5餐，少吃多餐也是个办法。每餐少吃，血糖值就不容易上升，从而提升减糖的效果，还能让血糖值更为稳定。肚子不容易饿了，自然也就不会成天想吃甜食。

Q 经常去外面吃饭的人怎么办？

A 警惕碳水化合物和甜味调料。

很多在减肥的朋友都怕外出就餐，其实减糖并不忌讳外出就餐，甚至还很适合出去吃。原因是减糖不需要计算复杂的热量，只需要避开特定食材和调味品就行。

出去吃建议去居酒屋或者家庭餐馆（详见P26~27）。

也有不少减糖实践者把外出就餐当成一种减压方式，只需注意一下如何选餐馆和点菜，照样可以出门享受美食。

Q 聚餐时可以吃饭或者甜点吗？

A 只要明天开始能正常进行减糖饮食就行。

没问题，可以吃。难得开开心心聚个餐，破坏气氛就不好了。如果需要出去应酬，饭菜甜点该吃就吃。

也不用因为一顿饭自责，只要明天能像平时一样正常进行减糖饮食，那就没问题。控糖不用太死板。

Q 可以制定一个随便吃米饭、面包或者甜食的“放纵日”吗？

A 不推荐。

放纵日，顾名思义就是随心所欲，想怎么样就怎么样。在减肥中，“放纵日”就是“可以想吃什么就吃什么的日子”。有人用利用这种方式来突破减肥的瓶颈期，但我并不推荐。

因为哪怕心想只是1天而已，可是有了一次就会有第二次，不知不觉就会越来越频繁，最后只能前功尽弃。

Q 我喜欢吃甜食，减糖期间可以用人工甜味剂代替白砂糖吗？

A 建议还是以盐、胡椒粉为主，养成吃咸味的习惯。

人工甜味剂的确不会让血糖值上升，可有时依然会让胰腺误以为吃了甜食，结果开始分泌胰岛素。这样血糖值没上升，却分泌了胰岛素，就会造成血糖过低，或者胰岛素分泌紊乱。所以不建议频繁使用人工甜味剂。

最好还是告别甜味，慢慢习惯用盐和胡椒粉来调味。

Q 可以只吃豆腐、纳豆这些植物蛋白吗？

A 动物蛋白的食物也不能少。

本书提倡的是吃足量蛋白质的减糖饮食法。比如，体重50kg的人，每日必需的蛋白质是65g。如果全部依赖植物蛋白，就相当于4块以上的豆腐，或者10盒纳豆。

大豆制品确实富含蛋白质，但也仅仅是肉类或鱼类含量的1/3，所以要补充蛋白质的话，应该多吃肉类和鱼类。

DOKI DOKI

Q 吃肉之后消化不良怎么办？

A 应该是蛋白质不足。

如果吃肉之后感觉消化不良，很可能是因为蛋白质吃得不够。

蛋白质会被消化器官分解成氨基酸，这些氨基酸又会参与合成肌肉、皮肤、毛发等身体组织。同时，氨基酸还是唾液、胃液等消化液的原料。

如果因为担心热量，对肉类这些动物蛋白敬而远之，很可能因为缺乏蛋白质而导致消化酶不足。这时突然大量吃肉，就会引发消化不良或者胃胀。所以，关键是摄入动物蛋白来增加消化酶。先从易消化的高蛋白食物吃起，比如半熟鸡蛋、肉末、鸡胸肉、白肉鱼等，再循序渐进逐步增加。

Q 减糖之后便秘了……是肠道环境变糟了？

A 预防便秘请多喝水，并适量摄入油类。

人的消化器官，尤其是大肠中居住着超过100万亿个肠道细菌，形成各自的菌群。这些肠道细菌以人类吃下去的食物为生，所以饮食不同，菌群也在不断变化。

如果一直都是主食吃得多，突然变成以蛋白质为中心，菌群也会随之变化。在适应期，有的人就会便秘。继续这样吃一段时间，等菌群习惯了新的饮食结构，就不会便秘了。话是这么说，但便秘还是尽量控制吧。

解决方法是多补充水分，可以随身带着水，时不时喝几口，尽量保证每天喝1.5~2L水。

还有一定要保证摄入足够的油类，油会包裹住硬邦邦的粪便，起到润滑的作用，帮助排便。

还可以积极食用纳豆或奶酪这些发酵食物，改善肠道环境。

Q 身体不舒服的时候怎么办?

A 吃易消化的蛋白质来补充水分和营养。

身体不舒服的时候，一般人都会喝粥。不过其实粥就是加水的米饭，只能补充糖类，并没有其他营养。这时，应该吃能够同时补充水分和充足营养的食物，推荐用鸡蛋、豆腐、白肉鱼、肉末这些易消化的蛋白质来煮汤。加蔬菜也行，不过人体并不能消化膳食纤维，身体欠佳的时候对胃是个负担。哪怕要放，最多也就加些葱末调味。

Q 哪些人不适合减糖?

A 如果正在配合医嘱服药，一定要先咨询医生。

糖尿病现在比较普遍，已经成了国民病，血糖值过高就会发病，原因就是糖类摄入太多。减糖就是通过控制糖类的摄入，抑制餐后血糖的急剧上升，从而稳定血糖，是非常适合高血糖人群的饮食方法。不过，如果你正在医院接受饮食疗法，就一定要先跟医生商量。

肥胖的原因是糖类摄入过多，如果你想改善代谢综合征，或者BMI值很高，那么减糖就很适合你。反之，如果BMI还不到20，那就没必要靠减糖减肥，只需要适当少吃含糖的食物，多吃含蛋白质、脂肪的食物和蔬菜，保证营养充足即可。

以下是必须慎重实施减糖的人群

- 患有肾脏疾病，正在住院或者接受饮食疗法。
- 收缩压超过 140mmHg。
- 高胆固醇或有遗传性脂质代谢异常。

以上人群请先咨询医生，或者在了解减糖的医生指导下进行实践。

Q 减糖成本高吗?

A 善用便宜又好吃的鸡肉、鸡蛋。

减糖给人的印象是肉食很多，开销肯定高，其实并非如此。比如鸡胸、鸡肉末、猪肉片，这些肉相对来说都较便宜。肉类和其他含蛋白质的食物合理搭配，营养又便宜。

比如，体重50kg的成年人，每日所需蛋白质的摄入量为65g，那么半块鸡胸(150g)、1块鲑鱼(100g)、2个鸡蛋、半块豆腐、1盒纳豆就能满足。

尤其鸡蛋非常便宜，除了不含维生素C和膳食纤维，能为人体提供多种营养。在经济允许的范围内，合理搭配就行。

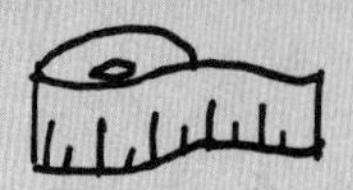

Q 小孩子或者老年人也能减糖吗？

A 记得保证蛋白质的摄入。

小孩子（正在长身体的时候），要注意不能吃太多点心果汁之类的甜食，不过没必要靠不吃米饭面包这些主食来限制糖分的摄入。重点是饮食以菜和肉为中心，摄取充足的蛋白质、脂类、维生素和矿物质，保证营养，让孩子在生长期获得健康的体魄。

老人也一样。很多人上了岁数，一改长年的饮食习惯，对动物蛋白敬而远之，每日粗茶淡饭，可是这就可能导致营养不足。与其减少主食，不如多摄取蛋白质。如果蛋白质不足，肌肉就会减少，运动机能也会随之衰退，很容易摔倒骨折。不过一次吃太多又怕消化不良，所以最好以体重数×1g（即体重50kg，就需要50g蛋白质）为标准，从鱼、豆腐、鸡蛋这些易消化的食物吃起，慢慢加量。如果本身血糖偏高或者身体抱恙，要先咨询医生。

Q 适合从事高强度运动的人吗？

A 运动的人更要吃蛋白质。

很多专业运动员都在控制碳水化合物的同时摄入大量蛋白质和脂类获取营养，也就是减糖。

尤其是分解脂肪提供能量的酮体，是葡萄糖供能效率的1.25倍，能增强持久力。

运动员一方面要防止激烈运动造成肌肉疲劳，另一方面要保持肌肉量甚至进一步增肌，所以每日蛋白质的摄入量要按体重数×2g（即体重50kg,就需要100g蛋白质）来计算，尽量多吃。

Q 我本来就很瘦了，减糖有什么用？

A 减糖不仅能减肥，还有各种功效。

P5也介绍了，减糖除了能减肥，还能预防生活习惯病，稳定情绪，提升身体机能，抗疲劳，作用多多。还有反馈说减糖之后皮肤变好了，头发开始有光泽，整个人都变年轻了。不过，前提是要控制碳水化合物摄入的同时，多吃富含蛋白质的食物。不要误以为不吃主食就叫减糖，这是个误区。

Q 听说减糖会增加体臭，是真的吗？

A 如果身体脂肪不完全燃烧，就会释放有气味的物质。

刚开始减糖，可能会有体臭或口臭暂时性变强的情况发生。这是因为身体刚切换到靠燃烧脂肪供能的模式，一开始会出现不完全燃烧，释放有气味的物质。

具体来说,就是因为限制了糖类的摄入，体内的糖类开始枯竭，身体就会转而分解脂肪，从其他渠道获取能量，这就是酮体。

酮体包括β-羟基丁酸、乙酰乙酸和丙酮，其中提供能量的是β-羟基丁酸。不过在向完全燃烧过渡期间，会随之产生另外两种物质，尤其丙酮会释放特殊的酸臭气味。

上文也说到，这只是暂时性的。当脂肪的燃烧完全进入正轨，就不再生成丙酮。要想防患于未然，刚开始减糖时就不要一下子挑战“强度减肥”，而是从“轻度减糖”循序渐进。一点一点加强对糖类的限制，逐步切换到燃烧脂肪的模式，就能预防不完全燃烧。

Q “酮体”到底是什么？要怎么才能产生酮体？

A 不要过于追求酮体。

酮体是脂肪的分解产物，是我们身体活动的能量来源之一。

也许你会问：“给人体提供能量的不是糖类吗？”其实脂肪也是重要的能量来源。现代生活中人们以碳水化合物（糖类）为主食，所以人体才会首先利用糖。等到没有糖可用，身体就会开始分解身体脂肪加以利用，代谢过程中产生的就是酮体。

如果饮食以糖类为主，是不会产生酮体的。就本书来说，要把每日摄入的糖类控制在60g以下，也就是以“强度减糖”来要求，坚持不懈才能将身体转换到以酮体供能的状态。

不过减糖的目的并不在于生成酮体，为了稳定血糖值，多吃蛋白质才是重点。

Q 据说减糖会让人烦躁抑郁，神经变得脆弱，是真的吗？

A 错误的减糖会导致缺铁和蛋白质不足。

烦躁和抑郁的原因其实和饮食息息相关。

其一是因为缺乏营养，尤其是蛋白质和铁。你是不是错误地认为"既然一日三餐以米饭为主，那是不是不吃主食就行了呢"？而且"热量神话"如今已经成为减肥的常识，如果受此影响而拒绝肉类、蛋类、鱼类这些动物蛋白的摄取的话，那能吃的就只剩豆腐和蔬菜，必然会导致营养不足。

铁是红细胞血红蛋白的原料，虽然也可以通过植物性食品摄取，但远不如通过动物性食品获取效率高。还有负责造血的维生素 B_{12}，就只存在于动物性食品中，只吃植物性食品当然就没法摄取了。

以肉类、鱼类、蛋类为代表的动物性食品是优质蛋白质的来源，一定要多吃。

Q 据说减糖会导致体寒或者贫血……

A 体寒、贫血是因为蛋白质和铁不足。

很遗憾，一说到减糖，很多人都认为只要不吃主食就行了。错误的减糖方式会使人体严重缺乏能量，蛋白质得不到补充。这就是所谓的低营养状态，人体无法制造充足的血液和激素，自然会导致贫血或者体寒。

真正的减糖是指控制糖类的摄入，同时积极补充蛋白质等营养。只有身体营养充足，才能长出肌肉，提升基础代谢。另外，吃的东西会在体内产生能量（食物热效应），尤其消化蛋白质的产热更高，会让整个人都暖暖的，更容易保持体温。只要正确实践减糖，体寒和贫血也会随之得到改善。

A low carb diet

查看
你想了解的食品!

含糖量一览表

我制作了平时常用食材的含糖量一览表。
请大家参考表格,减糖的同时也不亏待嘴巴。

肉类

午餐肉 1/2 小罐 (100g)

含糖量 1.9g
热量 290kcal
蛋白质 14.0g

鸡大胸 1 块 (250g)

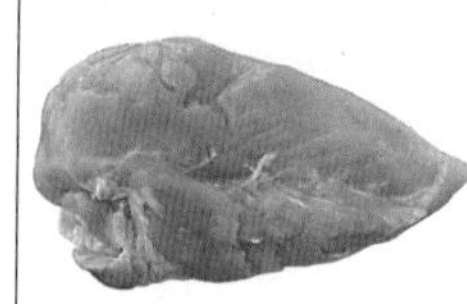

含糖量 0.3g
热量 363kcal
蛋白质 53.3g

培根 长条形 5~6 片 (100g)

含糖量 0.3g
热量 405kcal
蛋白质 12.9g

羊羔腿肉片 3 片 (100g)

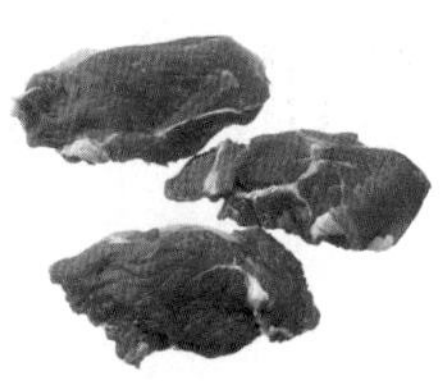

含糖量 0.3g
热量 198kcal
蛋白质 20g

牛里脊肉片 3 片 (100g)

含糖量 0.3g
热量 165kcal
蛋白质 19.6g

维也纳香肠 约 6 根 (100g)

含糖量 3g
热量 321kcal
蛋白质 13.2g

混合肉末 (100g)

含糖量 0.2g
热量 254kcal
蛋白质 17.4g

猪里脊肉片 3~4 片 (100g)

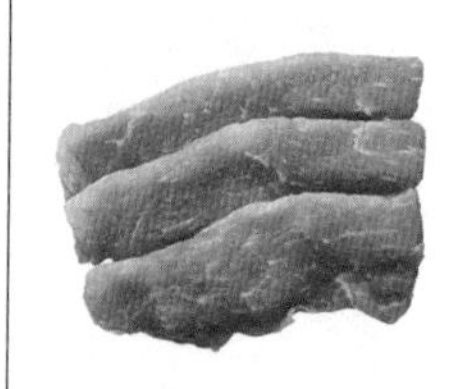

含糖量 0.2g
热量 263kcal
蛋白质 19.3g

里脊火腿 约 6 片 (100g)

含糖量 1.3g
热量 196kcal
蛋白质 16.5g

鸡肝 约 3 个 (100g)

含糖量 0.6g
热量 111kcal
蛋白质 18.9g

鸡腿肉 1 块 (250g)

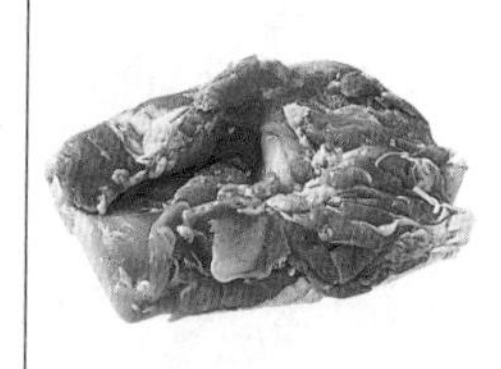

含糖量 0g
热量 510kcal
蛋白质 41.5g

食物	含糖量	热量	蛋白质
牛舌 (100g)	0.2g	356kcal	13.3g
和牛眼肉 烤肉用里脊 (100g)	0.1g	573kcal	9.7g
生火腿 5 片 (100g)	0g	268kcal	25.7g
咸牛肉罐头 1 罐 (100g)	1.7g	203kcal	19.8g
猪肉末 (100g)	0.1g	236kcal	17.7g
西冷牛排肉 1 块 (150g)	0.6g	447kcal	26.1g
菲力牛排肉 (150g)	0.4g	200kcal	30.8g
猪腿肉片 3~4 片 (100g)	0.2g	183kcal	20.5g
猪五花肉片 3~4 片 (100g)	0.1g	395kcal	14.4g
鸡小胸 2 块 (100g)	0g	105kcal	23g

海鲜类

牡蛎 5~6 只（100g）

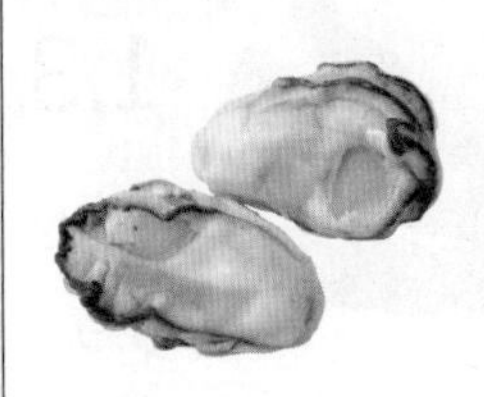

含糖量 4.7g
热量 60kcal
蛋白质 6.6g

金枪鱼红肉 刺身 5~6 片（100g）

含糖量 0.1g
热量 125kcal
蛋白质 26.4g

鲑鱼 1 大块（100g）

含糖量 0.1g
热量 133kcal
蛋白质 22.3g

带壳蛤蜊 20 只（可食用 100g）

含糖量 0.4g
热量 30kcal
蛋白质 6g

鲕鱼 1 大块（100g）

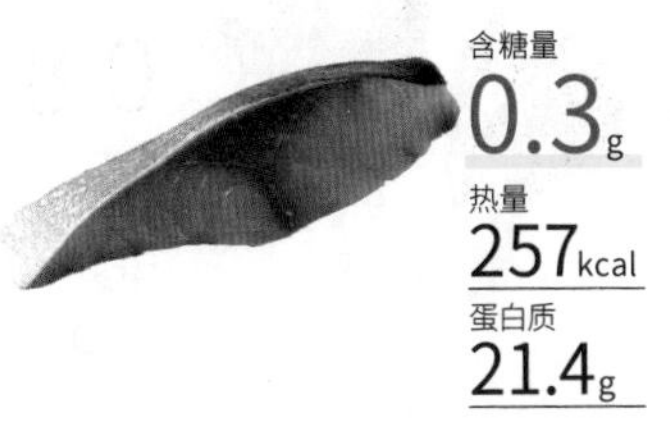

含糖量 0.3g
热量 257kcal
蛋白质 21.4g

鲣鱼（春季）刺身（100g）

含糖量 0.1g
热量 114kcal
蛋白质 25.8g

带壳黑虎虾 5 大只（可食用 100g）

含糖量 0.3g
热量 82kcal
蛋白质 18.4g

青花鱼 1 大块（100g）

含糖量 0.3g
热量 247kcal
蛋白质 20.6g

旗鱼 1 大块（100g）

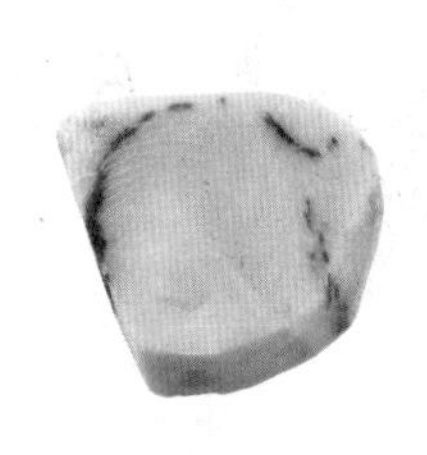

含糖量 0.1g
热量 153kcal
蛋白质 19.2g

竹轮 3~4 根（100g）

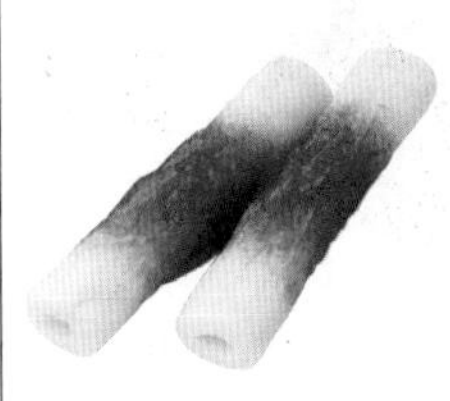

含糖量 13.5g
热量 121kcal
蛋白质 12.2g

鳕鱼 1 大块（100g）

含糖量 0.1g
热量 77kcal
蛋白质 17.6g

食物	含糖量	热量	蛋白质
水浸金枪鱼罐头 1 小罐（70g）	0.3g	68kcal	12.8g
青花鱼罐头 1 罐（120g）	0.2g	228kcal	25.1g
鲷鱼 1 大块（100g）	0.1g	177kcal	20.9g
鳕鱼子（80g）	0.3g	112kcal	19.2g
鱿鱼（可食用 100g）	0.1g	86kcal	18.6g
鲣鱼（秋季）刺身（100g）	0.2g	165kcal	25g
竹荚鱼 2 条（可食用 100g）	0.1g	126kcal	19.7g
沙丁鱼 1 大条（可食用 100g）	0.2g	169kcal	19.2g
金枪鱼中段刺身（100g）	0.1g	344kcal	20.1g
秋刀鱼 1 条（可食用 100g）	0.1g	297kcal	17.6g

蔬菜

() 内为可食用重量

荷兰豆 7~8 个 (50g)

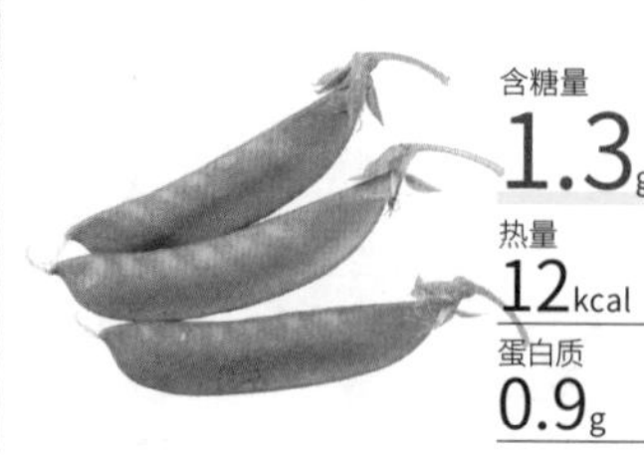

含糖量 1.3g
热量 12kcal
蛋白质 0.9g

青椒 3 个 (100g)

含糖量 2.8g
热量 22kcal
蛋白质 0.9g

上海青 1 棵 (100g)

含糖量 0.8g
热量 9kcal
蛋白质 0.6g

秋葵 10 根 (100g)

含糖量 1.6g
热量 30kcal
蛋白质 2.1g

西蓝花 6 小朵 (100g)

含糖量 0.8g
热量 33kcal
蛋白质 4.3g

牛蒡 1 根 (100g)

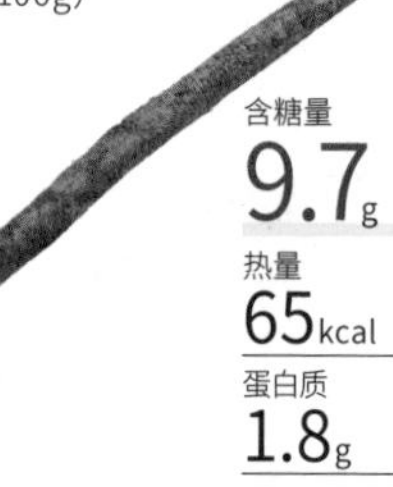

含糖量 9.7g
热量 65kcal
蛋白质 1.8g

芦笋 5~6 根 (100g)

含糖量 2.1g
热量 22kcal
蛋白质 2.6g

菠菜 1 把 (200g)

含糖量 0.6g
热量 36kcal
蛋白质 4g

花椰菜 5 小朵 (100g)

含糖量 2.3g
热量 27kcal
蛋白质 3g

京水菜 1 把 (180g)

含糖量 3.2g
热量 41kcal
蛋白质 4g

彩椒 1 个 (120g)

含糖量 6.3g
热量 32kcal
蛋白质 1g

食材	含糖量	热量	蛋白质
奶油生菜 1 大棵 (80g)	0.8g	11kcal	0.8g
韭菜 1 把 (100g)	1.3g	21kcal	1.7g
小葱 1 把 (90g)	2.6g	24kcal	1.8g
大豆芽 1 袋 (200g)	0g	74kcal	7.4g
豆芽 1 袋 (200g)	2.6g	28kcal	3.4g
大白菜 2 片 (100g)	1.9g	14kcal	0.8g
大葱 1 根 (100g)	5.8g	34kcal	1.4g
西洋芹 1 根 (100g)	2.1g	15kcal	0.4g
水煮竹笋 1 棵 (200g)	4.4g	60kcal	7g
生菜 3~4 片 (100g)	1.7g	12kcal	0.6g

玉米 1 根 (150g)

含糖量 20.7g
热量 138kcal
蛋白质 5.4g

胡萝卜 1 根 (150g)

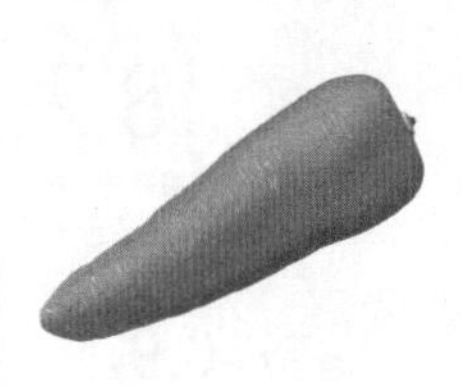

含糖量 9.8g
热量 54kcal
蛋白质 1.2g

番茄 1 个 (150g)

含糖量 5.6g
热量 29kcal
蛋白质 1g

土豆 1 个 (150g)

含糖量 24.4g
热量 114kcal
蛋白质 2.4g

南瓜 1/10 个 (100g)

含糖量 17.1g
热量 91kcal
蛋白质 1.9g

卷心菜 2 大片 (100g)

含糖量 3.4g
热量 23kcal
蛋白质 1.3g

红薯 1 个 (250g)

含糖量 74.3g
热量 335kcal
蛋白质 3g

洋葱 1 颗 (150g)

含糖量 10.8g
热量 56kcal
蛋白质 1.5g

萝卜 (100g)

含糖量 2.8g
热量 18kcal
蛋白质 0.4g

莲藕 1 大块 (100g)

含糖量 13.5g
热量 66kcal
蛋白质 1.9g

茄子 1 个 (80g)

含糖量 2.3g
热量 18kcal
蛋白质 0.9g

黄瓜 1 根 (100g)

含糖量 1.9g
热量 14kcal
蛋白质 1g

食材	含糖量	热量	蛋白质	食材	含糖量	热量	蛋白质
西葫芦中号 1 根 (100g)	1.5g	14kcal	11.3g	小番茄 5~6 粒 (100g)	5.8g	29kcal	1.1g
毛豆 25 粒 (55g)	2.0g	74kcal	6.4g	番茄罐头 1 罐 (400g)	12.4g	80kcal	3.6g
嫩豌豆 10 个 (70g)	5.1g	30kcal	2g	油菜花 1 把 (100g)	1.6g	33kcal	4.4g
芜菁 1 棵 (65g)	2g	13kcal	0.5g	绿辣椒 10 个 (50g)	1.1g	14kcal	0.9g
豆瓣菜 1 把 (100g)	0g	15kcal	2.1g	茼蒿 1 把 (200g)	1.4g	44kcal	4.6g

水果

（）内为可食用重量

香蕉 中号1根（85g）

含糖量 18.2g

热量 73kcal

蛋白质 0.9g

蜜柑 中号1个（70g）

含糖量 7.7g

热量 32kcal

蛋白质 0.5g

菠萝 1块（100g）

含糖量 11.9g

热量 51kcal

蛋白质 0.6g

猕猴桃 1个（100g）

含糖量 11g

热量 53kcal

蛋白质 1g

草莓 6颗（100g）

含糖量 7.1g

热量 34kcal

蛋白质 0.9g

牛油果 1个（120g）

含糖量 1g

热量 224kcal

蛋白质 3.0g

葡萄 大号 5~6颗（75g）

含糖量 11.4g

热量 44kcal

蛋白质 0.3g

苹果 1个（250g）

含糖量 35.3g

热量 143kcal

蛋白质 0.3g

蜜柑罐头 20瓣（100g）

含糖量 14.8g

热量 64kcal

蛋白质 0.5g

柿子干 1个（40g）

含糖量 22.9g

热量 110kcal

蛋白质 0.6g

葡萄柚 中号1个（210g）

含糖量 18.9g

热量 80kcal

蛋白质 1.9g

食物	含糖量	热量	蛋白质	食物	含糖量	热量	蛋白质
蜜夏柑 1个（200g）	17.6g	80kcal	1.8g	橙子 1个（90g）	8.1g	35kcal	0.9g
枇杷 4个（100g）	9g	40kcal	0.3g	柿子 1个（150g）	21.5g	90kcal	0.6g
桃 中号1个（190g）	16.9g	76kcal	1.1g	樱桃 10颗（80g）	11.2g	48kcal	0.8g
西瓜 切小块5块（150g）	13.9g	56kcal	0.9g	梨 1个（250g）	26g	108kcal	0.8g
芒果 1个（165g）	25.8g	106kcal	1g	网纹瓜 1/4个（90g）	8.9g	38kcal	0.9g

零食

曲奇 5 块 (40g)

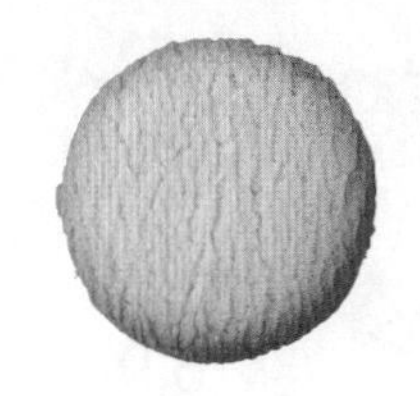

含糖量 24.4g
热量 209kcal
蛋白质 2.3g

仙贝 3 块 (45g)

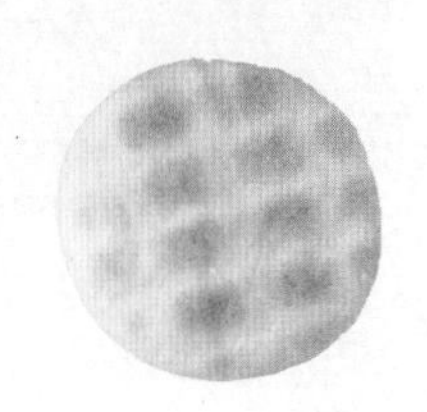

含糖量 37g
热量 168kcal
蛋白质 3.5g

坚果 10 颗 (60g)

含糖量 2.5g
热量 404kcal
蛋白质 8.8g

豆沙包 1 个 (50g)

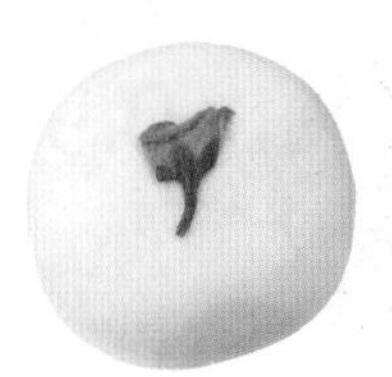

含糖量 28.1g
热量 130kcal
蛋白质 2.5g

果汁软糖 (50g)

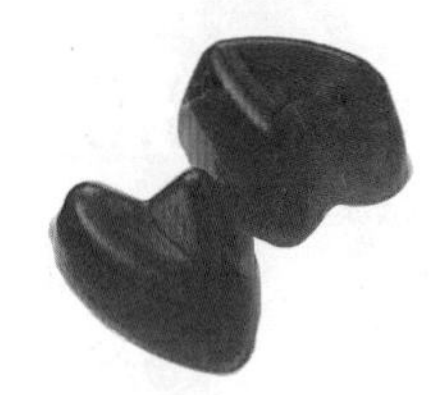

含糖量 12.4g
热量 50kcal
蛋白质 0g

红薯干 2 片 (50g)

含糖量 33.0g
热量 152kcal
蛋白质 1.6g

巧克力饼干 1 袋 (36g)

含糖量 24g
热量 182kcal
蛋白质 3g

混合小鱼干 1 小袋 (20g)

含糖量 5.9g
热量 69kcal
蛋白质 9.8g

鱿鱼干 7~8 片 (15g)

含糖量 0.1g
热量 50kcal
蛋白质 10.4g

奶油蛋糕 1 块 (60g)

含糖量 25.8g
热量 196kcal
蛋白质 4.3g

牛奶巧克力 1 块 (50g)

含糖量 25.9g
热量 279kcal
蛋白质 3.5g

食品	含糖量	热量	蛋白质	食品	含糖量	热量	蛋白质
布丁 1 个 (90g)	13.2g	113kcal	5.0g	薯片 1 袋 (60g)	30.3g	332kcal	2.8g
铜锣烧 1 个 (60g)	33.3g	170kcal	4g	奶油泡芙 1 个 (60g)	15.2g	137kcal	3.6g
麻薯 1 个 (77g)	38.3g	181kcal	3.7g	咖啡果冻 1 个 (100g)	10.4g	48kcal	1.6g
豆沙包 1 个 (100g)	48.5g	280kcal	6.1g	卡斯特拉 1 块 (35g)	21.9g	112kcal	2.2g
肉包子 1 个 (100g)	40.3g	260kcal	10.0g	贝壳蛋糕 1 大个 (45g)	21.3g	199kcal	2.6g

大豆制品

炸豆腐饼 1 个 (45g)

含糖量 0.1g
热量 103kcal
蛋白质 6.9g

蛋类

() 内为可食用重量

北豆腐 1 块 (300g)

含糖量 3.6g
热量 216kcal
蛋白质 19.8g

水煮大豆 (100g)

含糖量 0.9g
热量 140kcal
蛋白质 12.9g

鸡蛋 1 个 (50g)

含糖量 0.1g
热量 76kcal
蛋白质 6.2g

冻豆腐 1 块 (17g)

含糖量 0.3g
热量 91kcal
蛋白质 8.6g

炸豆腐块 1 块 (130g)

含糖量 0.3g
热量 195kcal
蛋白质 13.9g

水煮蛋 1 个 (50g)

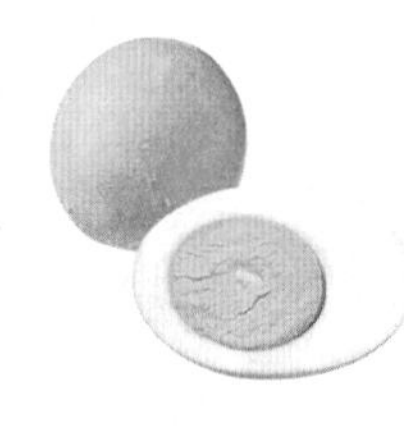

含糖量 0.1g
热量 76kcal
蛋白质 6.5g

纳豆 1 盒 (40g)

含糖量 2.1g
热量 80kcal
蛋白质 6.6g

油豆腐 1 片 (35g)

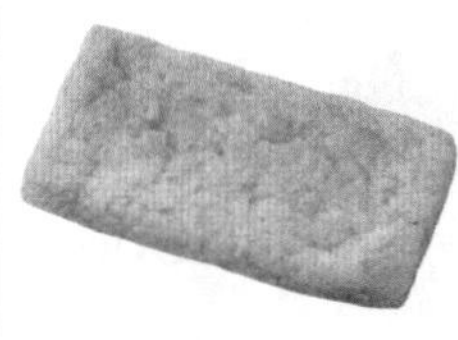

含糖量 0g
热量 144kcal
蛋白质 8.2g

鸡蛋豆腐 1 块 (120g)

含糖量 2.4g
热量 95kcal
蛋白质 7.7g

食品	含糖量	热量	蛋白质
烤豆腐 1 块 (200g)	1.0g	176kcal	15.6g
豆渣 (100g)	2.3g	111kcal	6.1g
鲜豆皮 1 人份 (30g)	1.0g	69kcal	6.5g
碎纳豆 1 盒 (40g)	1.8g	78kcal	6.6g
黄豆粉 1 大勺	0.6g	27kcal	2.2g
皮蛋 1 个 (60g)	0g	128kcal	8.2g
高汤鸡蛋卷 1 人份 (50g)	0.3g	64kcal	5.6g
厚蛋烧 1 人份 (50g)	3.2g	76kcal	5.4g
水煮鹌鹑蛋 5 个 (50g)	0.3g	91kcal	5.5g
嫩豆腐 1 块 (300g)	5.1g	168kcal	14.7g

海藻	菌类 ()内为可食用重量	乳制品
裙带菜（盐腌泡发去盐）1餐份（10g）  含糖量 0g 热量 1kcal 蛋白质 2g	香菇5朵（100g）  含糖量 1.4g 热量 18kcal 蛋白质 3.0g	纯酸奶 小杯1杯（50g） 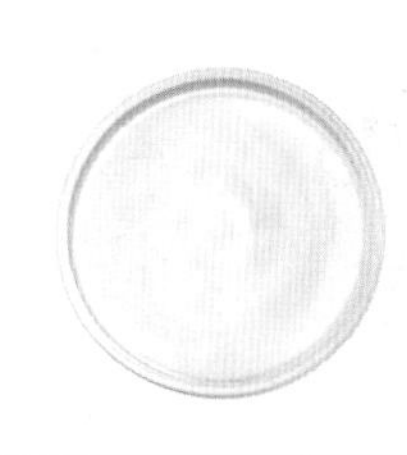 含糖量 2.5g 热量 31kcal 蛋白质 1.8g
海苔1张（3g）  含糖量 0.3g 热量 6kcal 蛋白质 1.2g	蟹味菇1盒（100g）  含糖量 1.3g 热量 18kcal 蛋白质 2.7g	再制奶酪 切片1片（18g）  含糖量 0.2g 热量 61kcal 蛋白质 4.1g
羊栖菜（干燥）1餐份（5g）  含糖量 0.3g 热量 7.0kcal 蛋白质 0.5g	灰树花1盒（100g）  含糖量 0.9g 热量 15kcal 蛋白质 2.0g	卡芒贝尔奶酪1块（17g） 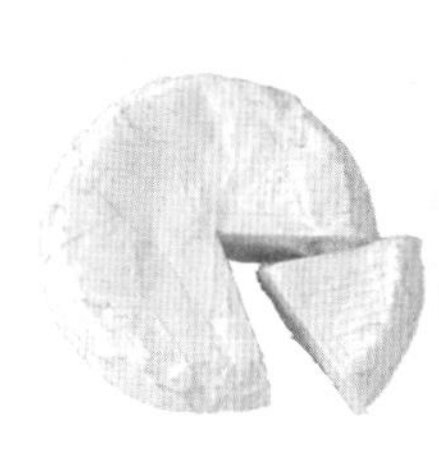 含糖量 0.2g 热量 53kcal 蛋白质 3.2g

食品	含糖量	热量	蛋白质	食品	含糖量	热量	蛋白质
滑子菇1袋（100g）	1.9g	15kcal	1.7g	生奶油1大勺	0.5g	65kcal	0.3g
海蕴·原味1人份（35g）	0g	2kcal	0.1g	加糖酸奶1小杯（50g）	6.0g	34kcal	2.1g
白凉粉·原味1人份（100g）	0g	2kcal	0.2g	芝士粉1大勺	0.1g	29kcal	2.6g
裙带菜梗·原味1人份（50g）	0g	6kcal	0.5g	杏鲍菇 中号2朵（100g）	2.6g	19kcal	2.8g
海带10cm见方的片状	3g	15kcal	0.8g	金针菇1盒（100g）	3.7g	22kcal	2.7g

调味品

蛋黄酱 1 大勺

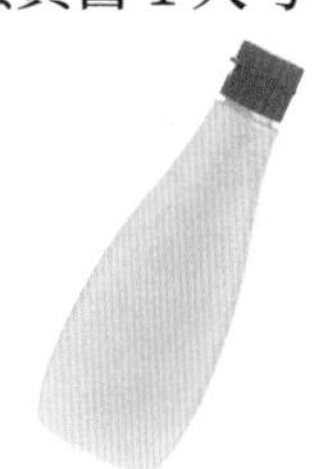

含糖量 0.3g
热量 101kcal
蛋白质 0.4g

醋 1 大勺（谷物醋・苹果醋）

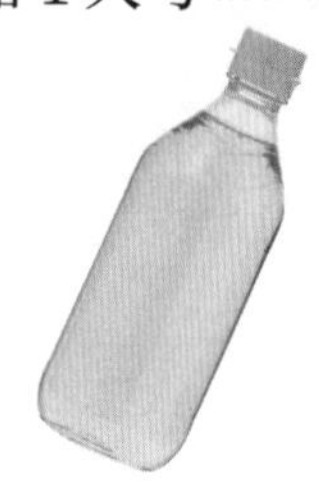

含糖量 0.4g
热量 4kcal
蛋白质 0g

芥末籽 1 大勺

含糖量 2.3g
热量 41kcal
蛋白质 1.4g

味噌 1 大勺

含糖量 3g
热量 35kcal
蛋白质 2.3g

盐 1 小勺

含糖量 0g
热量 0kcal
蛋白质 0g

蚝油 1 大勺

含糖量 2.7g
热量 16kcal
蛋白质 1.2g

红味噌 1 大勺

含糖量 1.4g
热量 37kcal
蛋白质 2.9g

酱油 1 大勺

含糖量 1.8g
热量 13kcal
蛋白质 1.4g

咖喱粉 1 小勺

含糖量 0.6g
热量 8kcal
蛋白质 0.3g

柚子醋酱油 1 大勺

含糖量 1.5g
热量 8kcal
蛋白质 0.6g

伍斯特酱汁 1 大勺

含糖量 4g
热量 18kcal
蛋白质 0.1g

食品	含糖量	热量	蛋白质
柚子胡椒 1 小勺	0.2g	2kcal	0.1g
豆瓣酱 1 小勺	0.2g	3kcal	0.1g
奶油沙司 1/2 杯 (100g)	8.8g	99kcal	1.8g
多蜜酱汁 1/2 杯 (100g)	11g	82kcal	2.9g
烤肉酱 1 大勺	6.5g	34kcal	0.9g
中浓酱汁 1 大勺	4.5g	20kcal	0.1g
猪排酱汁 1 大勺	4.5g	20kcal	0.1g
什锦烧酱汁 1 大勺	6.7g	30kcal	0.3g
海带鲣鱼高汤 (200ml)	0.6g	4kcal	0.6g
番茄泥 1 大勺	1.2g	6kcal	0.3g

番茄酱 1 大勺	味啉 1 大勺	油
含糖量 4.6g 热量 21kcal 蛋白质 0.3g	含糖量 7.8g 热量 43kcal 蛋白质 0.1g	

日本料酒 1 大勺	白砂糖 1 大勺	黄油 1 大勺
含糖量 1.4g 热量 17kcal 蛋白质 0g	含糖量 8.9g 热量 35kcal 蛋白质 0g	含糖量 0g 热量 99kcal 蛋白质 0.1g

咖喱块 1 餐份（18g）	荞麦面汁 ·3 倍稀释 1 大勺	猪油 1 大勺
含糖量 7.3g 热量 92kcal 蛋白质 1.2g	含糖量 3g 热量 15kcal 蛋白质 0.7g	含糖量 0g 热量 122kcal 蛋白质 0g

固体汤料 1 块（50g）	寿司醋 1 大勺	橄榄油 1 大勺
含糖量 2.1g 热量 12kcal 蛋白质 0.4g	含糖量 6.3g 热量 27kcal 蛋白质 0g	含糖量 0g 热量 120kcal 蛋白质 0g

项目	含糖量	热量	蛋白质
意大利香醋 1 大勺	2.9g	15kcal	0.1g
甜面酱 1 大勺	5.2g	38kcal	1.3g
鱼露 1 大勺	0.5g	7kcal	1.4g
日式油醋汁 1 大勺	2.4g	12kcal	0.5g
法式沙拉酱 1 大勺	0.9g	61kcal	0g
芝麻沙拉汁 1 大勺	2.6g	54kcal	1.3g
芝麻油 1 大勺	0g	120kcal	0g
亚麻籽油 1 大勺	0g	120kcal	0g
色拉油 1 大勺	0g	120kcal	0g
辣椒油 1 小勺	0g	37kcal	0g

市售品

蛋包饭 1 人份

含糖量 68.5g
热量 559kcal
蛋白质 18.9g

饭团 1 个（110g）

含糖量 42.9g
热量 197kcal
蛋白质 3g

肉酱意大利面　1 人份

含糖量 75.3g
热量 537kcal
蛋白质 21.7g

餐包（香肠面包）　1 个

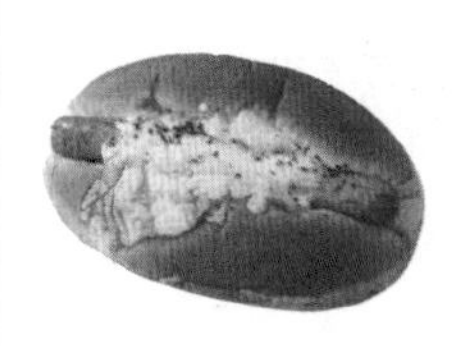

含糖量 38.9g
热量 473kcal
蛋白质 15.9g

炸鸡块 5 块（100g）

含糖量 13.7g
热量 194kcal
蛋白质 16g

炸牛肉饼套餐 1 份

含糖量 90g
热量 821kcal
蛋白质 24.7g

卷心菜沙拉 1 份

含糖量 2.2g
热量 61kcal
蛋白质 0.7g

炸薯条 1 人份（80g）

含糖量 23.4g
热量 190kcal
蛋白质 2.3g

汉堡包 1 个

含糖量 52.8g
热量 387kcal
蛋白质 15.9g

汉堡肉套餐 1 份

含糖量 86g
热量 801kcal
蛋白质 23.5g

混合三明治 1 人份

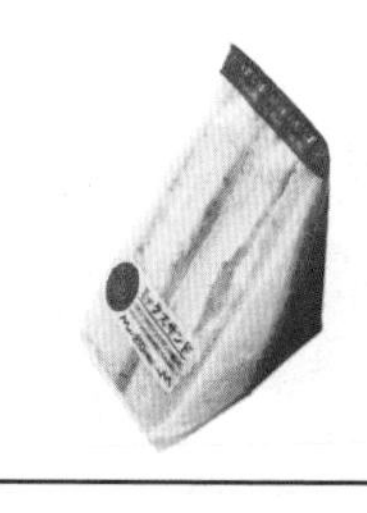

含糖量 29.2g
热量 308kcal
蛋白质 11.4g

食品	含糖量	热量	蛋白质	食品	含糖量	热量	蛋白质
韭菜炒猪肝 1 人份	6.7g	143kcal	14g	天妇罗盖浇饭 1 人份	72.8g	597kcal	27g
白菜卷 1 人份	11.8g	163kcal	10.1g	牛肉盖浇饭 1 人份	70.1g	677kcal	15g
土豆烧肉 1 人份	30.3g	264kcal	9g	炸猪排 1 块	11.1g	352kcal	18g
生姜炒猪肉 1 人份	7.6g	370kcal	13g	培根意大利面 1 人份	63.2g	714kcal	25.7g
炸鸡块 1 人份	5.9g	196kcal	14.7g	炸鸡 1 人份	2.2g	249kcal	16g

便利店便当 1 人份

含糖量 104g
热量 706kcal
蛋白质 23g

乌冬面 1 人份

含糖量 53.5g
热量 411kcal
蛋白质 20.3g

大虾焗饭 1 人份

含糖量 41.7g
热量 473kcal
蛋白质 26.4g

猪肉咖喱饭 1 人份

含糖量 74.7g
热量 531kcal
蛋白质 16.5g

油豆腐荞麦面 1 人份

含糖量 55g
热量 441kcal
蛋白质 19.7g

烧卖 1 人份

含糖量 27g
热量 296kcal
蛋白质 13.1g

菠萝包 1 个 (90g)

含糖量 52.4g
热量 329kcal
蛋白质 7.2g

烧鱼套餐 (烧鲽鱼)

含糖量 72.2g
热量 549kcal
蛋白质 39.2g

中华荞麦面 1 人份

含糖量 85g
热量 505kcal
蛋白质 21.9g

鸡蛋杂烩粥 1 人份

含糖量 30.4g
热量 232kcal
蛋白质 10.2g

比萨 1 张

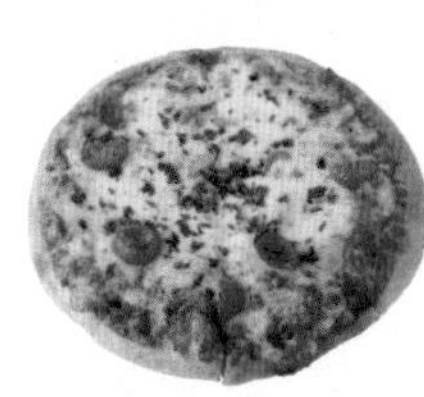

含糖量 47.8g
热量 535kcal
蛋白质 24.8g

八宝菜 1 人份

含糖量 7.8g
热量 193kcal
蛋白质 22.5g

食物	含糖量	热量	蛋白质	食物	含糖量	热量	蛋白质
章鱼小丸子 1 人份	35g	257kcal	15g	鲣鱼刺身 1 人份	2g	128kcal	26.7g
煮羊栖菜 1 人份	7.8g	132kcal	8.6g	小火锅 1 人份	7.2g	263kcal	19.6g
煎饺 1 盘	32g	346kcal	14.6g	寿喜烧 1 人份	25.7g	718kcal	24g
烤鸡 1 人份	0.1g	164kcal	13.3g	什锦火锅 1 人份	9.8g	284kcal	20g
炖牛肉 1 人份	23g	337kcal	18.9g	什锦烧 1 人份	53g	728kcal	25g

饮料、酒、汤

咖啡牛奶 (200ml)

含糖量 15.1g
热量 118kcal
蛋白质 4.6g

黑咖啡 (200ml)

含糖量 1.4g
热量 8kcal
蛋白质 0.4g

可可 1 人份

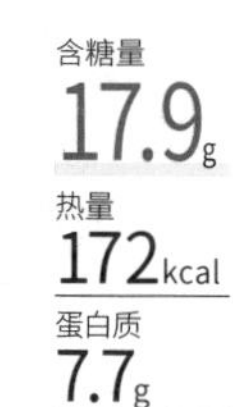

含糖量 17.9g
热量 172kcal
蛋白质 7.7g

牛奶 (200ml)

含糖量 10.1g
热量 141kcal
蛋白质 6.9g

水

含糖量 0g
热量 0kcal
蛋白质 0g

100% 蔬菜汁 (200ml)

含糖量 7.2g
热量 34kcal
蛋白质 1.2g

酸奶饮料 (200ml)

含糖量 30.5g
热量 163kcal
蛋白质 7.3g

绿茶 (200ml)

含糖量 0.2g
热量 0kcal
蛋白质 0g

运动饮料 (500ml)

含糖量 25.5g
热量 105kcal
蛋白质 0g

豆浆 (200ml)

含糖量 6.6g
热量 106kcal
蛋白质 8.3g

红茶 (200ml)

含糖量 0.2g
热量 2kcal
蛋白质 0.2g

名称	含糖量	热量	蛋白质
焙茶 (200ml)	0.2g	0kcal	0g
海带茶 (200ml)	1.6g	4kcal	0.2g
鲜橙汁 (200ml)	21.4g	84kcal	1.6g
兑水浓缩橙汁 (200ml)	21g	84kcal	1.4g
兑水浓缩苹果汁 (200ml)	22.8g	86kcal	0.2g
乌龙茶 (200ml)	0.2g	0kcal	0g
罐装咖啡 加糖型 1 罐 (210ml)	17.2g	80kcal	1.5g
甜酒 (200ml)	36.2g	162kcal	3.4g
葡萄柚汁 (200ml)	22g	92kcal	0.6g
大麦茶 (200ml)	0.6g	2kcal	0g

粉丝汤 1 人份

含糖量 10.1g
热量 64kcal
蛋白质 3g

日本清酒 1 合 (180ml)

含糖量 6.5g
热量 185kcal
蛋白质 0.7g

碳酸饮料 (500ml)

含糖量 64g
热量 255kcal
蛋白质 0g

玉米浓汤 1 人份

含糖量 16.7g
热量 198kcal
蛋白质 3.5g

高球 (250ml・加柠檬果汁)

含糖量 0.9g
热量 122kcal
蛋白质 0g

可乐饮料 (500ml)

含糖量 57g
热量 230kcal
蛋白质 0.5g

意大利蔬菜汤 1 人份

含糖量 10.9g
热量 115kcal
蛋白质 2.4g

烧酒 (25°・180ml)

含糖量 0g
热量 66kcal
蛋白质 0g

红葡萄酒 1 杯 (125ml)

含糖量 1.9g
热量 91kcal
蛋白质 0.5g

豆腐裙带菜味噌汤 1 人份

含糖量 1.8g
热量 51kcal
蛋白质 4.6g

梅子酒 加冰 (100ml)

含糖量 20.7g
热量 156kcal
蛋白质 0.1g

白葡萄酒 1 杯 (125ml)

含糖量 2.5g
热量 91kcal
蛋白质 0.1g

食品	含糖量	热量	蛋白质
桃红葡萄酒 1 杯 (125ml)	5g	96kcal	0.1g
裙带菜汤 1 人份	0.4g	24kcal	1.8g
蛤蜊浓汤 1 人份	18.1g	189kcal	9.9g
杂烩汤 1 人份	8.4g	123kcal	12.5g
蛤蜊味噌汤 1 人份	3.8g	60kcal	8.5g

食品	含糖量	热量	蛋白质
绍兴酒 (100ml)	5.1g	127kcal	1.7g
白兰地 加冰 (50ml)	0g	119kcal	0g
伏特加 加冰 (50ml)	0g	120kcal	0g
啤酒 (350ml)	10.9g	140kcal	1.1g
起泡酒 (350ml)	12.6g	158kcal	0.4g

图书在版编目（CIP）数据

减糖生活 / (日) 水野雅登编著 ; 果露怡译. -- 南昌 : 江西科学技术出版社, 2020.10(2024.5重印)
ISBN 978-7-5390-7393-4

Ⅰ. ①减… Ⅱ. ①水… ②果… Ⅲ. ①保健-食谱 Ⅳ. ①TS972.161

中国版本图书馆CIP数据核字(2020)第112205号

国际互联网（Internet）地址：http://www.jxkjcbs.com
选题序号：ZK2020030
版权登记号：14-2020-0167
责任编辑 魏栋伟
项目创意/设计制作 快读慢活
特约编辑 周晓晗 王瑶
纠错热线 010-84766347

减糖生活 (日)水野雅登 编著 果露怡 译

出版发行 江西科学技术出版社
社　　址 南昌市蓼洲街2号附1号 邮编 330009
　　　　 电话:(0791) 86623491 86639342(传真)
印　　刷 天津联城印刷有限公司
经　　销 各地新华书店
开　　本 710mm × 1000mm 1/16
印　　张 10.5
字　　数 120千字
印　　数 285001-290000册
版　　次 2020年10月第1版 2024年5月第12次印刷
书　　号 ISBN 978-7-5390-7393-4
定　　价 58.00元

快读·慢活®

从出生到少女，到女人，再到成为妈妈，养育下一代，女性在每一个重要时期都需要知识、勇气与独立思考的能力。

“快读·慢活®”致力于陪伴女性终身成长，帮助新一代中国女性成长为更好的自己。从生活到职场，从美容护肤、运动健康到育儿、家庭教育、婚姻等各个维度，为中国女性提供全方位的知识支持，让生活更有趣，让育儿更轻松，让家庭生活更美好。